普通高等教育"十三五"规划教材

复变函数与积分变换

宋桂荣 丁 蕾 陈 岩 编

机械工业出版社

本书依据"工科类本科数学基础课程教学基本要求",为高等院校工科类各专业学生编写,是高等数学的后继课.全书内容丰富、思路清晰、结构严谨、体系完整,具有推理严密、概念准确、叙述详略得当的特点.书中在应用高等数学知识进行推理论证时,对涉及的高等数学知识都给予了详细的注解,更有利于学生的学习和掌握.书中的例题经过精心编选,每节都配备了基本题和提高题.

本书内容包括复数与复变函数、解析函数、复变函数的积分、级数、留数、傅里叶变换、拉普拉斯变换.书末还附有傅里叶变换简表、拉普拉斯变换简表及习题答案.

本书适当高等院校"复变函数与积分变换"课程教学使用,也可供相关自学者、工程技术人员参考、使用.

图书在版编目(CIP)数据

复变函数与积分变换/宋桂荣,丁蕾,陈岩编. —北京:机械工业出版社,2018.12(2023.6重印)

普通高等教育"十三五"规划教材

ISBN 978-7-111-61248-3

Ⅰ.①复… Ⅱ.①宋…②丁…③陈… Ⅲ.①复变函数-高等学校-教材②积分变换-高等学校-教材 Ⅳ.①O174.5②O177.6

中国版本图书馆 CIP 数据核字(2018)第 249847 号

机械工业出版社(北京市百万庄大街22号 邮政编码100037)
策划编辑:韩效杰 责任编辑:韩效杰 李 乐
责任校对:刘雅娜 封面设计:鞠 杨
责任印制:刘 媛
涿州市般润文化传播有限公司印刷
2023 年 6 月第 1 版第 4 次印刷
184mm×260mm・8.5 印张・206 千字
标准书号:ISBN 978-7-111-61248-3
定价:29.00 元

凡购本书,如有缺页、倒页、脱页,由本社发行部调换

电话服务	网络服务
服务咨询热线:010-88379833	机工官网:www.cmpbook.com
读者购书热线:010-88379649	机工官博:weibo.com/cmp1952
	教育服务网:www.cmpedu.com
封面无防伪标均为盗版	金 书 网:www.golden-book.com

前　言

复变函数与积分变换是高等工科院校许多专业重要的一门基础课,更是自然科学与工程技术中常用的数学工具,已经被广泛应用到自然科学的众多领域.因此,复变函数与积分变函的理论与方法,对于高等理工院校的学生来说是必不可少的数学基础知识,有着重要的意义.通过对本门课程的学习,学生可以较系统、完整地了解复变函数与积分变换理论的基本内容,学会借助高等数学中的相关知识处理复变函数的一些基本问题,包括解析函数、复变函数的积分、解析函数的级数表示、洛朗级数、留数理论、傅里叶变换及拉普拉斯变换等.复变函数是高等数学的后继课程,学生只有在较全面、系统地学习完高等数学课程后再学习该课程,才能更好地应用高等数学的方法去解决复变函数中的论证及推理,保证学习复变函数与积分变换的效率.

在以往的教学过程中,我们所用的教材虽然也做到了高等数学与复变函数相关知识的衔接,但是对于这门课的教学也存在几点不足:

第一,对高等数学的重、难点知识涉及较多,而对这些知识的相关内容讲解又较少,这样给学生学习复变函数带来了很大困难.

第二,复数与复变函数一章中复数内容过多,而复数知识学生在高中时已经学习过,又因为这门课的教学内容多、课时少,所以这部分知识显得啰嗦.

本书编写组成员多年讲授该课程,理论基础扎实,教学经验丰富,对其理论、应用和发展有很好的理解和把握.我们根据多年的教学实践和体会,参照教育部高等学校教材编写的相关文件编写了这部教材,系统介绍了复变函数与积分变换的基本理论、方法与应用.

在本教材的编写中我们努力做到以下几点:

第一,内容编写上注重复变函数与高等数学中一元、二元函数的比较,通过进行类比,从内容上引导学生熟练掌握复变函数中的许多概念,如函数、极限、连续、导数、积分等,这些概念形式上与高等数学中一元函数的相关概念类似,但却有本质上的不同.本教材既指出其相似之处,更强调其本质上的不同,注重两者之间的联系与区别.

第二,本教材强调复变函数和积分变换具体的应用,这能使学生在学习过程中有明确的目的性,有利于培养应用型人才.

第三,本教材内容丰富、语言简明通俗、叙述详略得当、例题丰富全面,每节配有练习题,分为 A 类和 B 类. A 类是基本题,围绕本节知识内容进行学习和训练; B 类是提高题,供学有余力的学生进一步提高数学水平选用.

为此,我们对原用教材进行了全面审视,力求站在现代科学技术水平的高度上,从培养 21 世纪高素质创新人才的目标出发,进行新的构想和精选基本内容.我们删去学生高中学过的内容,补充在讲授复变函数时用到的高等数学的相关知识,但由于课时有限,这部分知识将放在书下的注解中,以便于学生自学.本教材的编写顺应了教育部关于高等工科专业基础教学改革方向，对促进高校工科专业基础教学的改革，推进课程建设，深化教学内容，加强学生综合实践能力和创新能力的培养具有一定的现实意义和实用价值．

本书第一、二章由陈岩编写，第三、四章由宋桂荣编写，第五、六、七章及附录部分由丁蕾编写．全书由宋桂荣统稿．

由于编者水平和时间有限，本书肯定还有许多不完善和需要改进之处，祈望广大教师和读者不吝指正．

编　者

目 录

前言
第1章 复数与复变函数 …………………… 1
1.1 复数 ………………………………… 1
1.1.1 复数的概念 ……………………… 1
1.1.2 复数的几何表示 ………………… 1
1.2 复数的运算 …………………………… 3
1.2.1 复数的代数运算 ………………… 3
1.2.2 共轭复数的运算 ………………… 4
1.2.3 复数的代数运算的几何表示 …… 4
1.2.4 复数的乘幂与方根 ……………… 5
1.3 复变函数 ……………………………… 7
1.3.1 区域 ……………………………… 7
1.3.2 复变函数 ………………………… 8
1.3.3 复变函数的极限与连续性 ……… 9
习题一 …………………………………… 10
第2章 解析函数 ………………………… 12
2.1 解析函数的概念 ……………………… 12
2.1.1 复变函数的导数与微分 ………… 12
2.1.2 解析函数的概念 ………………… 14
2.1.3 函数解析的充要条件 …………… 15
2.2 初等函数 ……………………………… 18
2.2.1 指数函数 ………………………… 18
2.2.2 对数函数 ………………………… 18
2.2.3 乘幂 a^b 与幂函数 ……………… 20
2.2.4 三角函数 ………………………… 21
2.2.5 双曲函数 ………………………… 22
2.2.6 反三角函数与反双曲函数 ……… 22
习题二 …………………………………… 23
第3章 复变函数的积分 ………………… 26
3.1 复变函数的积分 ……………………… 26
3.1.1 复变函数的积分的概念 ………… 26
3.1.2 积分存在的条件及计算方法 …… 27
3.1.3 积分的基本性质 ………………… 29
3.2 柯西-古萨基本定理 ………………… 30
3.2.1 柯西-古萨（Cauchy - Goursat）基本定理 …………………………… 30
3.2.2 原函数与不定积分 ……………… 30
3.2.3 复合闭路定理 …………………… 32
3.3 柯西积分公式 ………………………… 34
3.3.1 柯西积分公式 …………………… 34
3.3.2 解析函数的高阶导数 …………… 35
3.4 解析函数与调和函数的关系 ………… 37
3.4.1 调和函数 ………………………… 37
3.4.2 解析函数与调和函数的关系 …… 38
习题三 …………………………………… 39
第4章 级数 ……………………………… 42
4.1 复数项级数 …………………………… 42
4.1.1 复数项数列 ……………………… 42
4.1.2 复数项级数 ……………………… 43
4.2 幂级数 ………………………………… 46
4.2.1 复变函数项级数 ………………… 46
4.2.2 幂级数 …………………………… 47
4.2.3 收敛半径与收敛圆 ……………… 48
4.2.4 收敛半径的求法 ………………… 49
4.2.5 幂级数的运算和性质 …………… 50
4.3 泰勒级数 ……………………………… 51
4.4 洛朗级数 ……………………………… 56
习题四 …………………………………… 60
第5章 留数 ……………………………… 63
5.1 孤立奇点 ……………………………… 63
5.1.1 孤立奇点 ………………………… 63
5.1.2 函数的零点与极点的关系 ……… 66
5.1.3 函数在无穷远点的性态 ………… 68
5.2 留数 …………………………………… 70
5.2.1 留数的定义及留数定理 ………… 70
5.2.2 留数的计算规则 ………………… 71
5.2.3 在无穷远点的留数 ……………… 74
习题五 …………………………………… 76

第6章 傅里叶变换 … 79
6.1 傅里叶级数 … 79
6.1.1 傅里叶级数 … 79
6.1.2 傅氏积分 … 82
6.2 傅里叶变换的概念 … 83
6.2.1 傅氏变换的定义 … 83
6.2.2 单位脉冲函数及其傅氏变换 … 84
6.3 傅氏变换的性质 … 87
6.3.1 傅氏变换的基本性质 … 87
6.3.2 卷积与卷积定理 … 90
6.4 傅氏变换的应用 … 92
习题六 … 93

第7章 拉普拉斯变换 … 96
7.1 拉普拉斯变换定义 … 96
7.1.1 拉普拉斯变换 … 96
7.1.2 拉普拉斯变换存在定理 … 97
7.1.3 周期函数的拉普拉斯变换 … 98
7.1.4 拉氏变换简表的使用 … 99
7.2 拉氏变换的性质 … 99
7.2.1 拉氏变换的基本性质 … 99
7.2.2 卷积与卷积定理 … 104
7.3 拉普拉斯逆变换 … 105
7.4 拉普拉斯变换的应用 … 107
习题七 … 109

附录 … 112
附录Ⅰ 傅里叶变换简表 … 112
附录Ⅱ 拉普拉斯变换简表 … 115

参考答案 … 119

参考文献 … 130

第 1 章
复数与复变函数

【学习目标】
1. 掌握复数的基本运算、乘幂与方根.
2. 理解复平面与复球面.
3. 理解复变函数概念与复变函数的极限、连续性.

1.1 复数

1.1.1 复数的概念

复数的概念起源与求解方程的根. 在初等代数中,方程 $x^2 = -1$ 是没有根的. 由实际问题需要, 为求解类似方程的根, 引入虚数单位 i, 规定 $i^2 = -1$, 也就是说, i 是方程 $x^2 = -1$ 的一个根.

定义 1.1.1 对任意二实数 x, y, 称 $z = x + iy$ 为复数, 其中 x, y 分别称为 z 的实部与虚部, 记为 $x = \text{Re}(z)$, $y = \text{Im}(z)$. 表示式 $z = x + iy$ 为 z 的代数表示式.

特别地, 当 $x = 0$, $y \neq 0$ 时, $z = iy$ 称为纯虚数; 当 $y = 0$ 时, $z = x$, 此时 z 视为实数. $z = 0$ 当且仅当 $x = 0$ 且 $y = 0$.

与 z 实部相同, 虚部绝对值相等符号相反的复数, 称为 z 的共轭复数, 记为 $\bar{z}$, $\bar{z} = x - iy$.

1.1.2 复数的几何表示

1. 复平面

复数 $z = x + iy$ 与一对有序实数组 (x, y) 一一对应, 从而与平面直角坐标系上的点一一对应. 称 x 轴为实轴, y 轴为虚轴, 两轴所在平面称为复平面或者 z 平面, 可以用复平面上的点来表示复数.

在复平面上, 点 z 还与从原点指向点 z 的平面向量一一对应, 因此复数 z 也可以用从原点指向点 z 的向量 $\overrightarrow{OP}$ 来表示 (见图 1.1.1). 向量的长度称为复数 z 的模或绝对值, 记作 $|z|$. 当

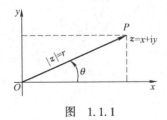

图 1.1.1

$z \neq 0$ 时，以正实轴为始边，$\overrightarrow{OP}$ 为终边的角的弧度数 θ 称为 z 的辐角，记作 $\mathrm{Arg}\, z$.

显然，复数 z 的模与辐角满足
$$|z| = r = \sqrt{x^2 + y^2},$$
$$\tan(\mathrm{Arg}\, z) = \frac{y}{x}.$$

任意非零复数都有无穷多个辐角，将其中满足 $-\pi < \theta_0 \leq \pi$ 的角 θ_0 称为 $\mathrm{Arg}\, z$ 的主值，记作 $\theta_0 = \arg z$，那么 $\mathrm{Arg}\, z = \theta_0 + 2k\pi$（$k$ 为任意整数）.

当 $z = 0$，即 $|z| = 0$ 时，辐角不确定；当 $z \neq 0$ 时，其辐角主值可通过解三角方程 $\tan(\arg z) = \frac{y}{x}$，$-\pi < \arg z \leq \pi$ 来确定：

$$\arg z = \begin{cases} \arctan \dfrac{y}{x}, & x > 0, y \in \mathbf{R}, \\ \pm \dfrac{\pi}{2}, & x = 0, y \neq 0, \\ \arctan \dfrac{y}{x} \pm \pi, & x < 0, y \neq 0, \\ \pi, & x < 0, y = 0, \end{cases} \quad (1.1.1)$$

其中 $z \neq 0$，$-\dfrac{\pi}{2} < \arctan \dfrac{y}{x} < \dfrac{\pi}{2}$.

利用直角坐标系与极坐标系的关系：$x = r\cos\theta$，$y = r\sin\theta$，z 的代数式可化为：
$$z = r(\cos\theta + \mathrm{i}\sin\theta),$$
称为复数的三角表示式.

再由欧拉（Euler）公式[⊖] $\mathrm{e}^{\mathrm{i}\theta} = \cos\theta + \mathrm{i}\sin\theta$，又可得
$$z = r\mathrm{e}^{\mathrm{i}\theta},$$
称为复数的指数表示式.

复数的各种表示式，根据需要可以互相转换.

例 1.1.1 将复数 $z = 1 + \mathrm{i}$ 化为三角表示式与指数表示式.

解 首先 $|z| = \sqrt{2}$，点 z 位于第一象限，由式 (1.1.1) 知 $\theta = \arg z = \arctan 1 = \dfrac{\pi}{4}$，因此，$z$ 的三角表示式为
$$z = \sqrt{2}\left(\cos\frac{\pi}{4} + \mathrm{i}\sin\frac{\pi}{4}\right),$$
z 的指数表示式为
$$z = \sqrt{2}\,\mathrm{e}^{\frac{\pi}{4}\mathrm{i}}.$$

⊖ 欧拉（Euler）公式是由 e^x，$\sin x$ 和 $\cos x$ 的麦克劳林级数展开式得到的.

2. 复球面

下面介绍一种利用球面上的点表示复数的方法.

取一个与复平面相切于原点 O 的球面,切点记为 S,S 与 O 重合,称为南极. 过 S 作垂直于复平面的直线交球面于另外一点 N,N 称为北极. 那么复平面上任一异于原点的点 z 与球面上北极 N 的连线交球面于唯一一点 P,P 与 z 一一对应. 当 $|z|\to\infty$ 时,称 z 是一个无穷大,此时与 z 对应的 $P\to N$. 我们把复平面上的"无穷大"视为一个点,记作 ∞,称为无穷远点,那么这个点与复球面上的北极 N 对应. 这样球面上的每一个点也都对应一个复数,我们就可以用球面上的点来表示复数. 这个球面,称为复球面(见图 1.1.2).

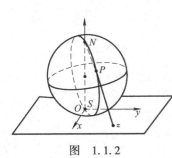

图 1.1.2

包含无穷远点的复平面称为扩充复平面,不包含无穷远点的复平面称为有限平面. 如无特殊说明,以后所称的复平面指的是有限平面. 复球面可以把扩充复平面上的无穷远点明确标示出来,这是它相对复平面的优势.

对于复数 ∞,其实部、虚部、辐角均无意义,规定其模为正无穷大,并对其四则运算做如下规定:

$$\alpha + \infty = \infty + \alpha = \infty \quad (\alpha \neq \infty),$$
$$\alpha - \infty = \infty - \alpha = \infty \quad (\alpha \neq \infty),$$
$$\alpha \cdot \infty = \infty \cdot \alpha = \infty \quad (\alpha \neq 0),$$
$$\frac{\alpha}{\infty} = 0, \quad \frac{\infty}{\alpha} = \infty \quad (\alpha \neq \infty), \quad \frac{\alpha}{0} = \infty \quad (\alpha \neq 0,\text{ 但可为无穷大}).$$

与实变函数中一样,其他与 ∞ 有关的运算,仍为待定型,其结果不确定.

1.2 复数的运算

1.2.1 复数的代数运算

设 $z_1 = x_1 + iy_1$,$z_2 = x_2 + iy_2$,定义 z_1 与 z_2 的四则运算如下:

(1) 和差 $z_1 \pm z_2 = (x_1 \pm x_2) + i(y_1 \pm y_2)$;

(2) 乘积 $z_1 \cdot z_2 = (x_1 x_2 - y_1 y_2) + i(x_1 y_2 + x_2 y_1)$;

(3) 商 $z = \dfrac{z_1}{z_2} = \dfrac{x_1 x_2 + y_1 y_2}{x_2^2 + y_2^2} + i\dfrac{x_2 y_1 - x_1 y_2}{x_2^2 + y_2^2}$,其中 $z_2 \neq 0$.

上述运算满足交换律、结合律和分配律:

$$z_1 + z_2 = z_2 + z_1, \quad z_1 \cdot z_2 = z_2 \cdot z_1;$$
$$z_1 + (z_2 + z_3) = (z_1 + z_2) + z_3, \quad z_1(z_2 z_3) = (z_1 z_2)z_3;$$
$$z_1(z_2 + z_3) = z_1 z_2 + z_1 z_3.$$

例 1.2.1 设 $z = \dfrac{i}{1-i}$，求 z 的三角表示式与指数表示式.

解 z 的代数表示式为

$$z = \frac{i}{1-i} = \frac{i(1+i)}{(1-i)(1+i)} = -\frac{1}{2} + \frac{1}{2}i.$$

易知 $|z| = \dfrac{\sqrt{2}}{2}$，且点 z 位于第二象限，由式(1.1.1) 知

$$\arg z = \arctan\left(\frac{\frac{1}{2}}{-\frac{1}{2}}\right) + \pi = \arctan(-1) + \pi = -\frac{\pi}{4} + \pi = \frac{3}{4}\pi,$$

从而 z 的三角表示式为

$$z = \frac{\sqrt{2}}{2}\left(\cos\frac{3}{4}\pi + i\sin\frac{3}{4}\pi\right),$$

z 的指数表示式为

$$z = \frac{\sqrt{2}}{2}e^{\frac{3}{4}\pi i}.$$

1.2.2 共轭复数的运算

由复数的四则运算，很容易得到 $z = x + iy$ 与其共轭复数 $\bar{z} = x - iy$ 的以下运算性质：

(1) $\overline{z_1 \pm z_2} = \bar{z}_1 \pm \bar{z}_2$，$\overline{z_1 z_2} = \bar{z}_1 \bar{z}_2$，$\overline{\left(\dfrac{z_1}{z_2}\right)} = \dfrac{\bar{z}_1}{\bar{z}_2}$ $(z_2 \neq 0)$；

(2) $\bar{\bar{z}} = z$；

(3) $z\bar{z} = [\mathrm{Re}(z)]^2 + [\mathrm{Im}(z)]^2$；

(4) $z + \bar{z} = 2\mathrm{Re}(z)$，$z - \bar{z} = 2i\mathrm{Im}(z)$.

1.2.3 复数的代数运算的几何表示

复数的加减法和相应的向量的加减法是一致的（见图 1.2.1）：
由图 1.2.1 可知

$$|z_1 + z_2| \leqslant |z_1| + |z_2|, \quad |z_1 - z_2| \geqslant ||z_1| - |z_2||.$$

复数 z 与其共轭复数 $\bar{z}$ 在复平面上关于实轴对称（见图 1.2.2），因而 $|z| = |\bar{z}|$，如果 $z \neq 0$，且不在负实轴上，还有 $\arg z = -\arg \bar{z}$.

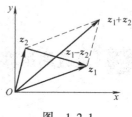

图 1.2.1

很多平面图形可以用复数形式的方程（或不等式）来表示. 同样，给定复数形式的方程（或不等式），也可以确定它所表示的平面图形. 如，$|z| = 1$ 表示复平面上以原点为圆心的单位圆.

例 1.2.2 直线 l 通过点 $z_1 = x_1 + iy_1$，$z_2 = x_2 + iy_2$，求 l 的复数形式方程.

解 平面上，通过点 (x_1, y_1) 与 (x_2, y_2) 的直线的参数方程为

$$\begin{cases} x = x_1 + t(x_2 - x_1), \\ y = y_1 + t(y_2 - y_1), \end{cases} \quad -\infty < t < \infty.$$

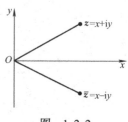

图 1.2.2

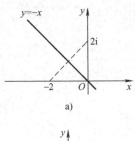

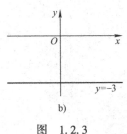

图 1.2.3

从而
$$z = x + iy = z_1 + t(z_2 - z_1), \quad -\infty < t < \infty,$$
这就是 l 的参数式方程.

例 1.2.3 求下列方程所代表的曲线：

(1) $|z - 2i| = |z + 2|$； (2) $\text{Im}(i + \bar{z}) = 4$.

解 (1) 在复平面上，$|z - 2i| = |z + 2|$ 表示到点 $2i$ 与点 -2 的距离相等的点的轨迹，也就是点 $2i$ 与点 -2 的连线的垂直平分线（见图 1.2.3a）；

(2) 设 $z = x + iy$，则 $i + \bar{z} = x + (1-y)i$，于是 $\text{Im}(i + \bar{z}) = 1 - y$，由已知 $\text{Im}(i + \bar{z}) = 4$，立得所求曲线的直角坐标方程为 $y = -3$（见图 1.2.3b）.

1.2.4 复数的乘幂与方根

1. 乘积与商

利用复数的三角表示式与指数表示式，很容易得到以下结论及其几何意义：

定理 1.2.1 两个复数的乘积的模等于它们的模的乘积，乘积的辐角等于它们的辐角的和.

定理 1.2.2 两个复数的商的模等于它们的模的商，商的辐角等于被除数与除数的辐角的差.

这是因为，设 $z_1 = r_1 e^{i\theta_1}$，$z_2 = r_2 e^{i\theta_2}$，那么显然
$$z_1 z_2 = r_1 r_2 e^{i(\theta_1 + \theta_2)}, \quad \frac{z_1}{z_2} = \frac{r_1}{r_2} e^{i(\theta_1 - \theta_2)} \quad (r_2 \neq 0).$$

定理说明，向量 $z_1 z_2$ 表示的是向量 z_1 逆时针转过 $\text{Arg } z_2$，同时伸缩 $|z_2|$ 倍得到的. 特别地，当 $|z_2| = 1$ 时，$z_1 z_2$ 变成了只是旋转. 如 iz 就是将向量 z 逆时针旋转 $\frac{\pi}{2}$. 而如果 $\arg z_2 = 0$，那么 $z_1 z_2$ 表示将 z_1 伸缩 $|z_2|$ 倍.

例 1.2.4 已知正三角形的两个顶点为 $z_1 = 1$ 与 $z_2 = 2 + i$，求它的另外一个顶点.

解 设第三个顶点为 z_3，根据复数的乘法与正三角形的性质，有
$$z_3 - z_1 = e^{\pm \frac{\pi}{3} i}(z_2 - z_1),$$
也就是说将正三角形一边 $z_2 - z_1$ 逆时针或者顺时针旋转 $\frac{\pi}{3}$，得到另外一边 $z_3 - z_1$，其顶点 z_3 即为所求（见图 1.2.4）：
$$z_3 = z_1 + e^{\pm \frac{\pi}{3} i}(z_2 - z_1) = 1 + \left[\cos\left(\pm \frac{\pi}{3}\right) + i\sin\left(\pm \frac{\pi}{3}\right)\right](1 + i),$$

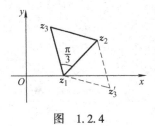

图 1.2.4

解得 $\quad z_3 = \dfrac{3-\sqrt{3}}{2} + \dfrac{1+\sqrt{3}}{2}\mathrm{i}\quad$ 或 $\quad z_3' = \dfrac{3+\sqrt{3}}{2} + \dfrac{1-\sqrt{3}}{2}\mathrm{i}.$

2. 幂与方根

由定理 1.2.1，可知复数 $z = r(\cos\theta + \mathrm{i}\sin\theta)$ 的 n 次幂
$$z^n = r^n(\cos n\theta + \mathrm{i}\sin n\theta), \ n \text{ 为正整数}. \tag{1.2.1}$$

规定 $z^{-n} = \dfrac{1}{z^n}$，那么上式当 n 为负整数时也成立.

特别地，当 $r = 1$ 时，得到棣莫弗（De Moivre）公式：
$$(\cos\theta + \mathrm{i}\sin\theta)^n = \cos n\theta + \mathrm{i}\sin n\theta. \tag{1.2.2}$$

利用式 (1.2.1) 与式 (1.2.2) 我们可求方程 $w^n = z$ 的根 w，$w = \sqrt[n]{z}$ 称为 z 的 n 次方根. 方法如下：

令 $z = r(\cos\theta + \mathrm{i}\sin\theta)$，$w = \rho(\cos\varphi + \mathrm{i}\sin\varphi)$，那么由式 (1.2.1) 有
$$\rho^n(\cos n\varphi + \mathrm{i}\sin n\varphi) = r(\cos\theta + \mathrm{i}\sin\theta)$$

于是
$$\rho^n = r, \ \cos n\varphi = \cos\theta, \ \sin n\varphi = \sin\theta$$

解得
$$\rho = r^{\frac{1}{n}}, \ \varphi = \dfrac{\theta + 2k\pi}{n} \ (k \text{ 为任意整数}),$$

因此
$$w = r^{\frac{1}{n}}\left(\cos\dfrac{\theta + 2k\pi}{n} + \mathrm{i}\sin\dfrac{\theta + 2k\pi}{n}\right) \ (k \text{ 为任意整数}). \tag{1.2.3}$$

当 $k = 0, 1, 2, \cdots, n-1$ 时，得到 n 个相异的根：
$$w_0 = r^{\frac{1}{n}}\left(\cos\dfrac{\theta}{n} + \mathrm{i}\sin\dfrac{\theta}{n}\right),$$
$$w_1 = r^{\frac{1}{n}}\left(\cos\dfrac{\theta + 2\pi}{n} + \mathrm{i}\sin\dfrac{\theta + 2\pi}{n}\right),$$
$$\vdots$$
$$w_{n-1} = r^{\frac{1}{n}}\left(\cos\dfrac{\theta + 2(n-1)\pi}{n} + \mathrm{i}\sin\dfrac{\theta + 2(n-1)\pi}{n}\right).$$

k 取其他整数时，上述结果重复出现. 所以 $w_0, w_1, \cdots, w_{n-1}$ 即为复数 z 的 n 个不同的 n 次方根.

几何上，$\sqrt[n]{z}$ 是以原点为圆心，$r^{\frac{1}{n}}$ 为半径的圆的内接正 n 边形的 n 个顶点.

例 1.2.5 求 $\sqrt[4]{1+\mathrm{i}}$.

解 由于 $1 + \mathrm{i} = \sqrt{2}\left(\cos\dfrac{\pi}{4} + \mathrm{i}\sin\dfrac{\pi}{4}\right)$，由式 (1.2.3)，

$$\sqrt[4]{1+\mathrm{i}} = 2^{\frac{1}{8}}\left(\cos\frac{\frac{\pi}{4}+2k\pi}{4} + \mathrm{i}\sin\frac{\frac{\pi}{4}+2k\pi}{4}\right),$$

令 $k=0,1,2,3$，得

$$w_0 = 2^{\frac{1}{8}}\left(\cos\frac{\pi}{16} + \mathrm{i}\sin\frac{\pi}{16}\right), \quad w_1 = 2^{\frac{1}{8}}\left(\cos\frac{9\pi}{16} + \mathrm{i}\sin\frac{9\pi}{16}\right),$$

$$w_2 = 2^{\frac{1}{8}}\left(\cos\frac{17\pi}{16} + \mathrm{i}\sin\frac{17\pi}{16}\right), \quad w_3 = 2^{\frac{1}{8}}\left(\cos\frac{25\pi}{16} + \mathrm{i}\sin\frac{25\pi}{16}\right).$$

如图 1.2.5 所示，这四个根是内接于圆心在原点，半径为 $2^{\frac{1}{8}}$ 的圆的正方形的四个顶点．

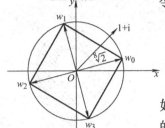

图 1.2.5

1.3 复变函数

1.3.1 区域

1. 开集

复平面上集合 $\{z \mid |z-z_0| < \delta\}$ 称为 z_0 的 δ 邻域，集合 $\{z \mid 0 < |z-z_0| < \delta\}$ 称为 z_0 的去心 δ 邻域．

设 G 为一平面点集，z_0 为 G 中任一点．如果存在 z_0 的一个邻域，该邻域完整包含于 G，那么称 z_0 为 G 的内点．如果 G 的每一点都是内点，则称 G 为一个开集．

2. 区域

如果平面点集 D 中任何一点都可以用完全属于 D 的折线连接起来，称 D 是连通的．

连通的开集称为区域．

设 D 是一平面区域．如果点 P 的任意邻域都既有属于 D 的点，又有不属于 D 的点，这样的点 P 称为 D 的边界点．D 的边界点的集合称为 D 的边界．区域 D 与其边界的集合构成闭区域，简称闭域，记为 $\overline{D}$．

3. 单连通域与多连通域

设曲线 C 为区域 D 内一条连续曲线，如果 C 没有重合的点，称 C 是一条简单曲线或若尔当（Jordan）曲线．如果简单曲线 C 的起点与终点重合，称 C 为简单闭曲线（见图 1.3.1）．

a) 简单、闭 b) 简单、不闭 c) 不简单、闭 d) 不简单、不闭

图 1.3.1

如果区域 D 中任一简单闭曲线的内部总属于 D，则称 D 是单连通域，否则，称其为多连通（或复连通）的（见图 1.3.2）.

显然，单连通域具有这样的特征：任何一条域内的简单闭曲线总可以通过连续的变形缩为域内一点，多连通域不具备这样的特征.

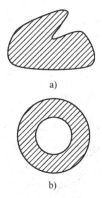

图　1.3.2
a) 单连通域　b) 多连通域

1.3.2　复变函数

1. 复变函数的定义

定义 1.3.1　设 G 为复平面上一个点集. 如果存在法则 f，G 中每个复数 $z = x + \mathrm{i}y$ 按照法则 f 都与一个或几个复数 $w = u + \mathrm{i}v$ 对应，那么称复变数 w 是复变数 z 的函数，简称复变函数，记作 $w = f(z)$.

集合 G 称为 $f(z)$ 的定义集合，G 中所有 z 对应的一切 w 值所成的集合 G^*，称为函数值集合.

如果 z 对应一个 w，称 $f(z)$ 是单值的；如果 z 对应两个或两个以上的 w，则称 $f(z)$ 是多值的，如 $w = \sqrt[3]{z}$.

如无特殊说明，以后的讨论中，$f(z)$ 均为单值函数，定义集 G 均为平面区域，称为定义域.

对复变函数 $w = f(z) = u + \mathrm{i}v$，由于 $z = x + \mathrm{i}y$ 是由一对有序实数 (x, y) 决定的，从而 u, v 也由 (x, y) 决定，即 $u = u(x, y)$，$v = v(x, y)$，也就是说

$$w = f(z) = u(x, y) + \mathrm{i}v(x, y).$$

这说明复变函数 $f(z)$ 是与一对有序实变二元函数 $(u(x, y), v(x, y))$ 对应的. 如 $w = z^2$. 令 $z = x + \mathrm{i}y$，$w = u + \mathrm{i}v$，那么 $u + \mathrm{i}v = (x + \mathrm{i}y)^2 = x^2 - y^2 + 2xy\mathrm{i}$，因而 $u = x^2 - y^2$，$v = 2xy$.

2. 映射

实变函数的函数关系可以通过几何图形直观表示，对于复变函数，由于它反映了两对变量的对应关系，因而无法在同一个平面或空间中表示，它表示的是两个复平面上的点集之间的对应关系.

设自变量 z 是 z 平面上的点，因变量 w 是 w 平面上的点，那么函数 $w = f(z)$ 在几何上即为将 z 平面上的点集 G 映到 w 平面上的点集 G^* 的映射. w 称为 z 的像，z 称为 w 的原像.

例如，函数 $w = \bar{z}$，将 $z_1 = 2 + 3\mathrm{i}$ 映射成 $w_1 = 2 - 3\mathrm{i}$；$z_2 = 1 - 2\mathrm{i}$ 映射成 $w_2 = 1 + 2\mathrm{i}$，$\triangle ABC$ 映射成 $\triangle A'B'C'$（见图 1.3.3a）. 如果把 z 平面和 w 平面重叠在一起，可以看到，函数 $w = \bar{z}$ 是关于实轴的一个对称映射（见图 1.3.3b）.

跟实变函数一样，复变函数也有反函数的概念. 设函数 $w = f(z)$ 的定义集合为 z 平面上的集合 G，函数值集合为 w 平面上的

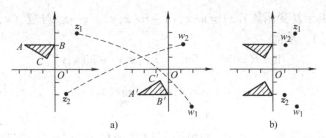

图 1.3.3

集合 G^*，那么 G^* 中的每一个点必将对应着 G 中的一个或者几个点，按照复变函数的定义，G^* 上就定义了一个函数 $z = \varphi(w)$，称为函数 $w = f(z)$ 的反函数，或者映射 $w = f(z)$ 的逆映射．

以后，我们不再区分函数与映射．如果函数 $w = f(z)$ 与它的反函数 $z = \varphi(w)$ 都是单值的，称函数 $w = f(z)$ 是一一的，也称集合 G 与 G^* 是一一对应的．

1.3.3 复变函数的极限与连续性

1. 复变函数的极限

定义 1.3.2 设函数 $w = f(z)$ 在 z_0 的去心邻域 $0 < |z - z_0| < \rho$ 内有定义．如果存在确定的数 A，满足对任意给定的 $\varepsilon > 0$，存在 δ，$0 < \delta \leq \rho$，使得当 $0 < |z - z_0| < \delta$ 时，有

$$|f(z) - A| < \varepsilon,$$

则称 A 为 $f(z)$ 在 $z \to z_0$ 时的极限，记作 $\lim_{z \to z_0} f(z) = A$，或者记为当 $z \to z_0$ 时，$f(z) \to A$（见图 1.3.4）．

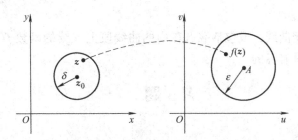

图 1.3.4

这个定义与一元实变函数极限的定义十分类似，只不过，其中的邻域为平面上的圆域．其几何意义也十分类似：当变点 z 进入 z_0 的充分小（由 ε 决定）的去心邻域时，其像点 $f(z)$ 就落入 A 的预先给定的 ε 邻域中．

与一元实变函数极限的定义不同的是，定义中 $z \to z_0$ 的方式是任意的．也就是说，如果 $\lim_{z \to z_0} f(z) = A$，那么无论 z 从哪个方向，以哪种方式趋于 z_0，$f(z)$ 都趋于同一个数值 A，这比一元函数极限定义的要求苛刻得多．

由于复变函数 $f(z) = u(x,y) + iv(x,y)$，$z \to z_0$ 对应 $(x,y) \to (x_0, y_0)$，从而

$$\lim_{z \to z_0} f(z) = \lim_{(x,y) \to (x_0, y_0)} [u(x,y) + iv(x,y)]$$
$$= \lim_{\substack{x \to x_0 \\ y \to y_0}} u(x,y) + i \lim_{\substack{x \to x_0 \\ y \to y_0}} v(x,y). \quad (1.3.1)$$

这样复变函数 $w = f(z)$ 的极限问题就转化为两个二元实变函数 $u = u(x,y)$，$v = v(x,y)$ 的极限问题。

设 $\lim_{z \to z_0} f(z) = A$，$\lim_{z \to z_0} g(z) = B$，不难证明，复变函数具有如下运算法则：

(1) $\lim_{z \to z_0} [f(z) \pm g(z)] = A \pm B$；

(2) $\lim_{z \to z_0} f(z) g(z) = AB$；

(3) 若 $B \neq 0$，$\lim_{z \to z_0} \dfrac{f(z)}{g(z)} = \dfrac{A}{B}$.

2. 复变函数的连续性

定义 1.3.3 若 $\lim_{z \to z_0} f(z) = f(z_0)$，则称 $f(z)$ 在 z_0 是连续的。如果 $f(z)$ 在区域 D 内处处连续，称 $f(z)$ 在 D 内连续。

由式 (1.3.1)，$f(z) = u(x,y) + iv(x,y)$ 在 $z_0 = x_0 + iy_0$ 处连续的充要条件是二元函数 $u = u(x,y)$，$v = v(x,y)$ 在点 (x_0, y_0) 连续。

例如函数 $f(z) = \dfrac{1}{x-y} + 2xy i$ 在平面上除直线 $x = y$ 外，处处连续。

需要注意的是，$f(z)$ 在曲线 C 上 z_0 处连续的意义是指 $\lim_{z \to z_0} f(z) = f(z_0)$，$z \in C$.

在闭曲线，或包括端点在内的曲线段上连续的函数 $f(z)$，在曲线上是有界的。

习 题 一

A 类

1. 求下列复数的模、辐角：

(1) $z = -1 - i$；　　(2) $z = \dfrac{1}{3+2i}$；

(3) $z = i^8 - 4i^{21} + i$；　　(4) $z = \dfrac{(3+i)(2-i)}{(3-i)(2+i)}$.

2. 将下列复数化为三角表示式与指数表示式：

(1) $1 - \sqrt{3} i$；　　(2) $1 + i \tan\theta \left(-\dfrac{\pi}{2} < \theta < \dfrac{\pi}{2} \right)$；

(3) $-\sqrt{12} - 2i$；　　(4) $1 - \cos\varphi + i \sin\varphi \, (0 \leqslant \varphi \leqslant \pi)$.

3. 计算 $\left(\dfrac{1+\sqrt{3}\mathrm{i}}{1-\sqrt{3}\mathrm{i}}\right)^{10}$ 的值.

4. 当 x, y 是什么实数时, $\dfrac{x+1+\mathrm{i}(y-3)}{5+3\mathrm{i}}=1+\mathrm{i}$ 成立?

5. 解方程 $(1+z)^5 = (1-z)^5$.

6. 已知 $z^3 = 8$, 求 $z^3 + z^2 + 2z + 2$ 的值.

7. 指出下列各复数方程所确定的平面图形. 如果是区域或闭区域, 指明它们是否有界, 单连通还是多连通, 并作草图:

(1) $\operatorname{Re}(z+2) = -1$;   (2) $\arg z = \pi$;

(3) $|z-1| = |z|$;   (4) $1 < |z+\mathrm{i}| < 2$;

(5) $\operatorname{Re}(z) > \operatorname{Im}(z)$;   (6) $\left|\dfrac{z-1}{z+1}\right| < 1$;

(7) $\operatorname{Re}(\mathrm{i}\bar{z}) = 3$;   (8) $\operatorname{Im}(z) > 1$, 且 $|z| < 2$.

8. 将函数 $f(z) = x\left(1 + \dfrac{1}{x^2+y^2}\right) + \mathrm{i}y\left(1 - \dfrac{1}{x^2+y^2}\right)$ 写成关于 z 的复变函数.

9. 下列各题中的函数将 z 平面上给定区域映射成 w 平面内的什么区域?

(1) $w = z^2$, $0 < |z| < 2$, $\arg z = \dfrac{\pi}{4}$;   (2) $w = \dfrac{1}{z}$, $|z| = 2$.

10. 设 $z = \mathrm{e}^{\mathrm{i}t}$, 证明:

(1) $z^n + \dfrac{1}{z^n} = 2\cos nt$;   (2) $z^n - \dfrac{1}{z^n} = 2\mathrm{i}\sin nt$.

B 类

1. 若 $|z_1| = |z_2| = |z_3| = 1$, 且 $z_1 + z_2 + z_3 = 0$, 证明 z_1, z_2, z_3 是内接于单位圆 $|z| = 1$ 的一个正三角形的顶点.

2. 证明: 复平面上的圆周方程的一般形式为 $z\bar{z} + \bar{\alpha}z + \alpha\bar{z} + c = 0$, 其中 α 为复常数, c 为实常数.

3. 试证 $\lim\limits_{z \to 0} \dfrac{\operatorname{Re}(z)}{z}$ 不存在.

4. 设
$$f(z) = \begin{cases} \dfrac{xy^3}{x^2+y^6}, & z \neq 0, \\ 0, & z = 0, \end{cases}$$
证明 $f(z)$ 在点 $z = 0$ 处不连续.

5. 求下列方程所确定的曲线, 其中 t 是实参数:

(1) $z = (1+\mathrm{i})t^3$;   (2) $z = 5t - 7t\mathrm{i}$;

(3) $z = t + \dfrac{\mathrm{i}}{t}$;   (4) $z = 2\cos t + 3\mathrm{i}\sin t$.

第 2 章 解析函数

【学习目标】
1. 理解解析函数的概念及判别方法.
2. 掌握基本初等函数的定义与性质.

2.1 解析函数的概念

2.1.1 复变函数的导数与微分

1. 导数的定义

定义 2.1.1 设函数 $w = f(z)$ 在 z_0 的某邻域内有定义，如果极限 $\lim\limits_{z \to z_0} \dfrac{f(z) - f(z_0)}{z - z_0}$ 存在，则称函数 $w = f(z)$ 在 z_0 处可导，极限值称为 $w = f(z)$ 在 z_0 的导数，记为

$$f'(z_0) = \dfrac{\mathrm{d}w}{\mathrm{d}z}\bigg|_{z=z_0} = \lim_{z \to z_0} \dfrac{f(z) - f(z_0)}{z - z_0}.$$

如果 $f(z)$ 在区域 D 内处处可导，则称 $f(z)$ 在 D 内可导.

记 $\Delta w = f(z) - f(z_0)$，$\Delta z = z - z_0$，那么得到等价定义

$$f'(z_0) = \lim_{\Delta z \to 0} \dfrac{\Delta w}{\Delta z} = \lim_{\Delta z \to 0} \dfrac{f(z_0 + \Delta z) - f(z_0)}{\Delta z}.$$

这个定义形式上与一元实变函数的导数定义一样，但事实上，定义要求 $z \to z_0$ 的方式是任意的，这一限制要比一元实变函数导数的限制严格得多，从而使复变函数具有很多独特性质.

例 2.1.1 求 $f(z) = z^2$ 的导数.

解 由定义

$$f'(z) = \lim_{\Delta z \to 0} \dfrac{f(z + \Delta z) - f(z)}{\Delta z} = \lim_{\Delta z \to 0} \dfrac{(z + \Delta z)^2 - z^2}{\Delta z} = \lim_{\Delta z \to 0} (2z + \Delta z) = 2z,$$

所以 $f'(z) = 2z$.

例 2.1.2 讨论 $f(z) = 3x$ 的可导性.

解 由于

$$f'(z) = \lim_{\Delta z \to 0} \frac{f(z + \Delta z) - f(z)}{\Delta z}$$

$$= \lim_{\Delta z \to 0} \frac{3(x + \Delta x) - 3x}{\Delta x + i\Delta y} = 3 \lim_{\Delta z \to 0} \frac{\Delta x}{\Delta x + i\Delta y}$$

当 $z + \Delta z$ 沿平行于 x 轴的直线趋于 z 时，$\Delta y = 0$，从而 $\lim_{\Delta z \to 0} \frac{\Delta x}{\Delta x + i\Delta y} = 1$，$f'(z) = 3$；而当 $z + \Delta z$ 沿平行于 y 轴的直线趋于 z 时，$\Delta x = 0$，此时 $\lim_{\Delta z \to 0} \frac{\Delta x}{\Delta x + i\Delta y} = 0$，$f'(z) = 0$（见图 2.1.1）. 可见 $f(z) = 3x$ 是不可导的.

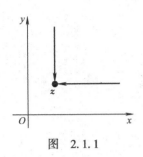

图 2.1.1

这里需要注意，不可将复变函数 $f(z) = 3x$ 与实变函数 $f(x) = 3x$ 混淆. 事实上，复变函数 $f(z) = 3x = 3\mathrm{Re}(z)$.

2. 可导与连续

对复变函数 $f(z)$ 而言，连续未必可导（如例 2.1.2，函数 $f(z) = 3x$ 在复平面上处处连续但处处不可导），但可导必定连续.

事实上，由导数及极限的定义，若 $f(z)$ 在 z_0 处可导，即

$$f'(z_0) = \lim_{\Delta z \to 0} \frac{f(z_0 + \Delta z) - f(z_0)}{\Delta z},$$

则对任意给定的 $\varepsilon > 0$，存在 $\delta > 0$，当 $0 < |\Delta z| < \delta$ 时，

$$\left| \frac{f(z_0 + \Delta z) - f(z_0)}{\Delta z} - f'(z_0) \right| < \varepsilon.$$

令 $\rho(\Delta z) = \frac{f(z_0 + \Delta z) - f(z_0)}{\Delta z} - f'(z_0)$，则 $\lim_{\Delta z \to 0} \rho(\Delta z) = 0$，从而

$$f(z_0 + \Delta z) - f(z_0) = f'(z_0)\Delta z + \rho(\Delta z)\Delta z, \quad (2.1.1)$$

$$\lim_{\Delta z \to 0} [f(z_0 + \Delta z)] = \lim_{\Delta z \to 0} [f(z_0) + f'(z_0)\Delta z + \rho(\Delta z)\Delta z] = f(z_0).$$

即 $f(z)$ 在 z_0 连续.

3. 求导法则

由于复变函数的导数定义与一元实变函数的导数定义在形式上是完全一样的，其极限运算法则与实变函数中也一样，因而实变函数中的基本求导法则都可以形式不变地推广到复变函数中来. 具体如下：

(1) $(C)' = 0$，C 为常数；

(2) $(z^n)' = nz^{n-1}$，n 为正整数；

(3) $[f(z) \pm g(z)]' = f'(z) \pm g'(z)$；

(4) $[f(z)g(z)]' = f'(z)g(z) + f(z)g'(z)$;

(5) 当 $g(z) \neq 0$ 时，$\left[\dfrac{f(z)}{g(z)}\right]' = \dfrac{f'(z)g(z) - f(z)g'(z)}{g^2(z)}$；

(6) $[f(g(z))]' = f'(g(z))g'(z)$；

(7) $f'(z) = \dfrac{1}{\varphi'(w)}$，其中 $z = \varphi(w)$ 与 $w = f(z)$ 是互为反函数的单值函数，并且 $\varphi'(w) \neq 0$.

4. 微分

和导数一样，复变函数的微分，在形式上，与一元实变函数的微分也是一样的．

设 $w = f(z)$ 在 z_0 可导，那么 $f'(z_0)\Delta z$ 称为 $f(z)$ 在点 z_0 的微分，记作 dw. 如果 $f(z)$ 在区域 D 内处处可微，称 $f(z)$ 在 D 内可微．

2.1.2 解析函数的概念

定义 2.1.2 如果函数 $f(z)$ 在 z_0 及 z_0 的邻域内处处可导，则称 $f(z)$ 在 z_0 解析．如果 $f(z)$ 在区域 D 内每一点解析，则称 $f(z)$ 在区域 D 内解析，或称 $f(z)$ 是区域 D 内的解析函数（全纯函数或者正则函数）．

不解析的点称为函数 $f(z)$ 的奇点．

由定义可知，函数在一点处解析比在该点处可导的要求要高得多，同时，函数在区域内解析与在该区域内可导是等价的．根据求导法则，不难证明解析函数具有如下性质：

(1) 区域 D 内的两个解析函数的和、差、积、商（除去分母为零的点）在 D 内解析；

(2) 设函数 $h = g(z)$ 在 z 平面的区域 D 内解析，函数 $w = f(h)$ 在 h 平面的区域 G 内解析．如果对 D 中的每一点 z，函数 $g(z)$ 的对应值 h 都属于 G，那么复合函数 $w = f(g(z))$ 是 D 内的解析函数．

由此可见，多项式在复平面内处处解析，有理分式 $\dfrac{P(z)}{Q(z)}$ 在不含分母零点的区域内解析，分母的零点即为它的奇点．

例 2.1.3 求 $f(z) = \dfrac{z+i}{iz^2(z^2+1)}$ 的奇点．

解 令 $iz^2(z^2+1) = 0$，解得 $z = 0, \pm i$，从而 $f(z) = \dfrac{z+i}{iz^2(z^2+1)}$ 的奇点为 $0, \pm i$.

2.1.3 函数解析的充要条件

定理 2.1.1 函数 $f(z) = u(x,y) + \mathrm{i}v(x,y)$ 在定义域中的点 $z = x + \mathrm{i}y$ 可导的充要条件是，$u(x,y)$ 与 $v(x,y)$ 在点 (x,y) 可微[⊖]，并且在该点满足柯西-黎曼（Cauchy - Riemann）条件

$$\frac{\partial u}{\partial x} = \frac{\partial v}{\partial y}, \quad \frac{\partial u}{\partial y} = -\frac{\partial v}{\partial x}. \tag{2.1.2}$$

即 $u_x = v_y$，$u_y = -v_x$.

证明 必要性. 设 $w = f(z) = u(x,y) + \mathrm{i}v(x,y)$ 在点 $z = x + \mathrm{i}y$ 可导，

$$f'(z) = \lim_{\Delta z \to 0} \frac{\Delta w}{\Delta z},$$

则由式(2.1.1)，当 Δz 充分小时，有

$$\Delta w = f'(z)\Delta z + \rho(\Delta z)\Delta z \left(\lim_{\Delta z \to 0}\rho(\Delta z) = 0\right).$$

设 $f'(z) = a + b\mathrm{i}$，$\rho(\Delta z) = \rho_1 + \mathrm{i}\rho_2$，由 $\Delta w = \Delta u + \mathrm{i}\Delta v$，$\Delta z = \Delta x + \mathrm{i}\Delta y$，上式化为

$$\Delta u + \mathrm{i}\Delta v = (a\Delta x - b\Delta y + \rho_1 \Delta x - \rho_2 \Delta y) + \mathrm{i}(b\Delta x + a\Delta y + \rho_2 \Delta x + \rho_1 \Delta y),$$

从而

$$\Delta u = a\Delta x - b\Delta y + \rho_1 \Delta x - \rho_2 \Delta y,$$
$$\Delta v = b\Delta x + a\Delta y + \rho_2 \Delta x + \rho_1 \Delta y,$$

由 $\lim_{\Delta z \to 0}\rho(\Delta z) = 0$ 知，$\lim_{\substack{\Delta x \to 0 \\ \Delta y \to 0}}\rho_1 = 0$，$\lim_{\substack{\Delta x \to 0 \\ \Delta y \to 0}}\rho_2 = 0$，由二元实变函数微分的定义，知 $u(x,y)$ 与 $v(x,y)$ 在点 (x,y) 都可微，并且 $\frac{\partial u}{\partial x} = \frac{\partial v}{\partial y}$，$\frac{\partial u}{\partial y} = -\frac{\partial v}{\partial x}$.

充分性. 设 $u(x,y)$ 与 $v(x,y)$ 在点 (x,y) 可微，可知

$$\Delta u = \frac{\partial u}{\partial x}\Delta x + \frac{\partial u}{\partial y}\Delta y + o_1(|\Delta z|),$$

⊖ 设二元函数 $f(x,y)$ 在点 (x,y) 的某邻域内有定义，如果函数在点 (x,y) 的全增量 $\Delta z = f(x+\Delta x, y+\Delta y) - f(x,y)$ 可表示为 $\Delta z = A\Delta x + B\Delta y + o(\rho)$，其中 A 和 B 不依赖于 Δx 和 Δy 而仅与 x 和 y 有关，$\rho = \sqrt{(\Delta x)^2 + (\Delta y)^2}$，那么称二元函数 $f(x,y)$ 在点 (x,y) 可微分，$A\Delta x + B\Delta y$ 称为 $f(x,y)$ 在点 (x,y) 的全微分，记作 $\mathrm{d}z$，即 $\mathrm{d}z = A\Delta x + B\Delta y$.

⊖ 这里 $u_x = \frac{\partial u}{\partial x} = \lim_{\Delta x \to 0}\frac{\Delta u}{\Delta x} = \lim_{\Delta x \to 0}\frac{u(x+\Delta x, y) - u(x,y)}{\Delta x}$，称为 $u(x,y)$ 对自变量 x 的偏导数. 若其存在，其结果与将自变量 y 视为常量的一元函数对自变量 x 的导数相同. 其他 u_y，v_x，v_y 分别表示 $u(x,y)$ 对 y 的偏导数，$v(x,y)$ 对 x 的偏导数与 $v(x,y)$ 对 y 的偏导数.

$$\Delta v = \frac{\partial v}{\partial x}\Delta x + \frac{\partial v}{\partial y}\Delta y + o_2(|\Delta z|),$$

其中 $\lim\limits_{\substack{\Delta x \to 0 \\ \Delta y \to 0}} o_k(|\Delta z|) = 0$，$k = 1, 2$，从而

$$\begin{aligned}\Delta w &= \Delta u + \mathrm{i}\Delta v \\ &= \left(\frac{\partial u}{\partial x} + \mathrm{i}\frac{\partial v}{\partial x}\right)\Delta x + \left(\frac{\partial u}{\partial y} + \mathrm{i}\frac{\partial v}{\partial y}\right)\Delta y + o_1(|\Delta z|) + \mathrm{i}o_2(|\Delta z|).\end{aligned}$$

由柯西-黎曼条件 $\frac{\partial u}{\partial x} = \frac{\partial v}{\partial y}$，$\frac{\partial u}{\partial y} = -\frac{\partial v}{\partial x}$ 可知

$$\left(\frac{\partial u}{\partial y} + \mathrm{i}\frac{\partial v}{\partial y}\right) = \left(-\frac{\partial v}{\partial x} + \mathrm{i}\frac{\partial u}{\partial x}\right) = \mathrm{i}\left(\frac{\partial u}{\partial x} + \frac{\partial v}{\partial x}\mathrm{i}\right).$$

于是

$$\Delta w = \left(\frac{\partial u}{\partial x} + \mathrm{i}\frac{\partial v}{\partial x}\right)(\Delta x + \mathrm{i}\Delta y) + o_1(|\Delta z|) + \mathrm{i}o_2(|\Delta z|),$$

$$\frac{\Delta w}{\Delta z} = \frac{\partial u}{\partial x} + \mathrm{i}\frac{\partial v}{\partial x} + \frac{o_1(|\Delta z|) + \mathrm{i}o_2(|\Delta z|)}{\Delta z},$$

故

$$f'(z) = \lim_{\Delta z \to 0}\frac{\Delta w}{\Delta z} = \frac{\partial u}{\partial x} + \mathrm{i}\frac{\partial v}{\partial x}. \tag{2.1.3}$$

即 $f(z)$ 在 $z = x + \mathrm{i}y$ 处可导．证毕．

由式 (2.1.3) 以及柯西-黎曼条件，可得函数 $f(z) = u(x,y) + \mathrm{i}v(x,y)$ 在点 $z = x + \mathrm{i}y$ 处的导数公式

$$f'(z) = \frac{\partial u}{\partial x} + \mathrm{i}\frac{\partial v}{\partial x} = \frac{1}{\mathrm{i}}\frac{\partial u}{\partial y} + \frac{\partial v}{\partial y}. \tag{2.1.4}$$

由定理 2.1.1 以及解析函数的定义，可得下面关于函数在区域 D 内解析的充要条件．

定理 2.1.2 函数 $f(z) = u(x,y) + \mathrm{i}v(x,y)$ 在区域 D 内解析的充要条件是：$u(x,y)$ 与 $v(x,y)$ 在区域 D 内可微，并且满足柯西-黎曼条件 (2.1.2)．

证略．

根据定理 2.1.1 和定理 2.1.2，我们可以通过对 $u(x,y)$ 与 $v(x,y)$ 的可微性与是否满足柯西-黎曼条件来判断函数 $f(z) = u(x,y) + \mathrm{i}v(x,y)$ 的可导性与解析性，其中 $u(x,y)$ 与 $v(x,y)$ 的可微性可以由其充分条件一阶偏导数连续来判定．

例 2.1.4 讨论下列函数的可导性与解析性．

(1) $w = \bar{z}$；(2) $f(z) = \mathrm{e}^x(\cos y + \mathrm{i}\sin y)$．

解 现在，我们在讨论函数的可导性时可以用导数定义，也可以根据柯西-黎曼条件．一般来说，后者较前者简单．

(1) 设 $z = x + \mathrm{i}y$，则 $w = \bar{z} = x - \mathrm{i}y$，即 $u = x$，$v = -y$，

$$u_x = 1,\ u_y = 0,\ v_x = 0,\ v_y = -1,$$

可知，柯西-黎曼条件在复平面上处处不满足，所以 $w = \bar{z}$ 在复平面上处处不可导，处处不解析；

(2) 因 $u(x,y) = e^x \cos y$，$v(x,y) = e^x \sin y$，

$$u_x = e^x \cos y, \quad u_y = -e^x \sin y, \quad v_x = e^x \sin y, \quad v_y = e^x \cos y,$$

可知四个一阶偏导数都连续，且柯西-黎曼条件 $\dfrac{\partial u}{\partial x} = \dfrac{\partial v}{\partial y}$，$\dfrac{\partial u}{\partial y} = -\dfrac{\partial v}{\partial x}$ 在复平面上处处成立，所以 $f(z) = e^x(\cos y + i \sin y)$ 在复平面上处处可导，处处解析. 在 2.2 节，我们将会看到，这个函数即为复变函数中的指数函数.

例 2.1.5 设 $f(z) = my^3 + nx^2 y + i(x^3 + lxy^2)$ 在全平面解析，试确定 m，n，l 的值.

解 这里 $u = my^3 + nx^2 y$，$v = x^3 + lxy^2$，

$$\frac{\partial u}{\partial x} = 2nxy, \quad \frac{\partial u}{\partial y} = 3my^2 + nx^2, \quad \frac{\partial v}{\partial x} = 3x^2 + ly^2, \quad \frac{\partial v}{\partial y} = 2lxy.$$

由于 $f(z)$ 在全平面解析，故由柯西-黎曼条件 $\dfrac{\partial u}{\partial x} = \dfrac{\partial v}{\partial y}$，$\dfrac{\partial u}{\partial y} = -\dfrac{\partial v}{\partial x}$，有

$$2nxy = 2lxy, \quad 3my^2 + nx^2 = -(3x^2 + ly^2),$$

比较系数，得 $m = 1$，$n = -3$，$l = -3$.

例 2.1.6 设 $f(z) = u(x,y) + iv(x,y)$ 在区域 D 内解析，且 $f'(z) \neq 0$，则 $u(x,y) = C_1$ 和 $v(x,y) = C_2$ 是 D 内两组正交曲线族.

证明 $f'(z) \neq 0$，由式 (2.1.4) 知，$\dfrac{\partial u}{\partial x}$ 和 $\dfrac{\partial v}{\partial x}$ 不可能同时为零.

若在点 (x,y) 处，$\dfrac{\partial u}{\partial x} \neq 0$ 且 $\dfrac{\partial v}{\partial x} \neq 0$，则由柯西-黎曼条件知 $\dfrac{\partial u}{\partial y}$，$\dfrac{\partial v}{\partial y}$ 也不为零. 再由隐函数存在定理，曲线 $u(x,y) = C_1$ 与 $v(x,y) = C_2$ 在该点的切线的斜率分别为

$$k_1 = -\frac{u_x}{u_y}, \quad k_2 = -\frac{v_x}{v_y},$$

于是 $\quad k_1 \cdot k_2 = \left(-\dfrac{u_x}{u_y}\right) \cdot \left(-\dfrac{v_x}{v_y}\right) = \left(\dfrac{v_y}{v_x}\right) \cdot \left(-\dfrac{v_x}{v_y}\right) = -1,$

所以，曲线 $u(x,y) = C_1$ 与 $v(x,y) = C_2$ 在该点正交；

若在点 (x,y) 处 $\dfrac{\partial u}{\partial x}$ 和 $\dfrac{\partial v}{\partial x}$ 有一个为零，那么 $k_1 = -\dfrac{u_x}{u_y}$，$k_2 = -\dfrac{v_x}{v_y}$ 中必有一个为零，另外一个为无穷大，也就是说 $u(x,y) = C_1$ 与 $v(x,y) = C_2$ 在该点的切线一条是水平切线，另外一条是铅直切线，它们在该点仍然正交. 证毕.

2.2 初等函数

2.2.1 指数函数

1. 定义

定义 2.2.1 函数 $f(z) = e^x(\cos y + i\sin y)$ 称为复变数 $z = x + iy$ 的指数函数，记为 e^z 或 $\exp z$，即

$$\exp z = e^z = e^x(\cos y + i\sin y). \tag{2.2.1}$$

2. 性质

性质 1 $|e^z| = e^x$，$\mathrm{Arg}(e^z) = y + 2k\pi$，$k = 0, \pm 1, \pm 2, \cdots$.

性质 2 e^z 满足加法定理 $e^{z_1} \cdot e^{z_2} = e^{z_1 + z_2}$.

证明 由性质 1 与定理 1.2.1，知

$|e^{z_1} \cdot e^{z_2}| = e^{x_1 + x_2}$，$\mathrm{Arg}(e^{z_1} \cdot e^{z_2}) = y_1 + y_2 + 2k\pi$，$k = 0, \pm 1, \pm 2, \cdots$，

从而 $e^{z_1} \cdot e^{z_2} = e^{x_1 + x_2}[\cos(y_1 + y_2) + i\sin(y_1 + y_2)] = e^{z_1 + z_2}$.

性质 3 e^z 具有周期性，周期为 $2k\pi i$，$k = 0, \pm 1, \pm 2, \cdots$，基本周期为 $2\pi i$.

这是因为

$$e^{z + 2k\pi i} = e^z \cdot e^{2k\pi i} = e^z[\cos(2k\pi) + i\sin(2k\pi)] = e^z,$$

从而 e^z 具有周期 $2k\pi i$，这是实变指数函数 e^x 所不具备的.

性质 4 e^z 满足以下三个条件：

(1) e^z 在复平面上处处解析；

(2) $(e^z)' = e^z$；

(3) 当 $\mathrm{Im}(z) = 0$ 时，$e^z = e^x$，其中 $x = \mathrm{Re}(z)$.

这个性质由定理 2.1.2 及式(2.1.4) 很容易证得. 所以，复变函数 e^z 可视为实变函数 e^x 的推广. 需要注意的是，这里 e^z 不能简单理解为通常的乘幂，在此仅作为符号使用.

2.2.2 对数函数

和实变函数一样，定义指数函数的反函数为对数函数.

1. 定义

定义 2.2.2 指数函数 e^z 的反函数称为对数函数，记为 $w = \mathrm{Ln}\, z$.

设 $w = u + iv = \mathrm{Ln}\, z$，则 $e^w = z$. 取复数 z 的对数表示式 $z = re^{i\theta}$，

则有 $e^w = re^{i\theta}$, 即
$$e^{u+iv} = re^{i\theta}.$$
所以
$$u = \ln r, \quad v = \theta + 2k\pi = \text{Arg } z, \quad k = 0, \pm 1, \pm 2, \cdots,$$
因此
$$\text{Ln } z = \ln|z| + i\text{Arg } z. \tag{2.2.2}$$
从而对数函数是一个多值函数. 取 $\ln|z| + i\arg z$ 为其主值分支, 记为 $\ln z$, 即
$$\ln z = \ln|z| + i\arg z, \tag{2.2.3}$$
那么
$$\text{Ln } z = \ln z + 2k\pi i, \quad k = 0, \pm 1, \pm 2, \cdots. \tag{2.2.4}$$
对每个确定的整数 k, 上式对应一个单值函数, 称为对数函数 $\text{Ln } z$ 的一个分支. 不同分支之间相差 $2\pi i$ 的整数倍.

2. 性质

性质1 当 $z = x > 0$ 时, $\ln z = \ln x$, 即为实变的对数函数.

性质2 $\text{Ln } z$ 的各个分支在复平面上除去原点与负实轴的平面内处处解析, 且
$$(\text{Ln } z)' = (\ln z)' = \frac{1}{z}.$$

对 $\ln z = \ln|z| + i\arg z$, 由于 $\ln|z|$ 在复平面上除原点外处处解析, 而由式(1.1.1) 知 $\arg z$ 在原点与负实轴上都不连续, 在其他点处处可导, 从而知 $\ln z$ 在复平面上除去原点与负实轴的平面内处处解析, 那么由式(2.2.4) 知 $\text{Ln } z$ 在复平面上除去原点与负实轴的平面内处处解析. 另外, 因为指数函数满足 $(e^w)' = e^w$, 那么由反函数求导法则知 $w = \ln z$ 的导数为
$$\frac{dw}{dz} = \frac{1}{\frac{dz}{dw}} = \frac{1}{e^w} = \frac{1}{z},$$

显然 $\text{Ln } z = \ln z + 2k\pi i$ ($k = 0, \pm 1, \pm 2, \cdots$) 与 $\ln z$ 具有同样的导数值.

性质3 $\text{Ln}(z_1 z_2) = \text{Ln } z_1 + \text{Ln } z_2$, $\text{Ln } \dfrac{z_1}{z_2} = \text{Ln } z_1 - \text{Ln } z_2$.

根据定理 1.2.1 和定理 1.2.2, 这个性质是很明显的. 这也与实变对数函数的性质相同. 但是等式
$$\text{Ln } z^n = n\text{Ln } z, \quad \text{Ln } z^{\frac{1}{n}} = \frac{1}{n}\text{Ln } z$$
不再成立, 这一点是由复变指数函数的多值性导致的.

例 2.2.1 解方程 $e^z + 1 - i = 0$.

解 方程可化为 $e^z = -1 + i$，于是
$$e^x = |-1+i| = \sqrt{2},$$
$$y = \text{Arg}(-1+i) = \frac{3}{4}\pi + 2k\pi, k = 0, \pm 1, \pm 2, \cdots,$$

因此 $z = x + iy = \ln\sqrt{2} + i\left(\frac{3}{4}\pi + 2k\pi\right)$，$k = 0, \pm 1, \pm 2, \cdots$.

例 2.2.2 计算 $\text{Ln}\,2$，$\text{Ln}(-1)$，$\text{Ln}(\sqrt{3}+i)$ 的值.

解 $\text{Ln}\,2 = \ln|2| + i\text{Arg}\,2 = \ln 2 + 2k\pi i$，$k = 0, \pm 1, \pm 2, \cdots$；
$\text{Ln}(-1) = \ln|-1| + i\text{Arg}(-1) = i(\pi + 2k\pi) = (2k+1)\pi i$，$k = 0, \pm 1, \pm 2, \cdots$，其主值分支为 $\ln(-1) = \pi i$；
$\text{Ln}(\sqrt{3}+i) = \ln|\sqrt{3}+i| + i\text{Arg}(\sqrt{3}+i) = \ln 2 + \left(\frac{\pi}{6} + 2k\pi\right)i$，$k = 0, \pm 1, \pm 2, \cdots$.

2.2.3 乘幂 a^b 与幂函数

定义 2.2.3 乘幂
$$a^b = e^{b\text{Ln}\,a}, \tag{2.2.5}$$
其中 a 是不为零的复数，b 为任意复数.

由于 $\text{Ln}\,a = \ln|a| + i(\arg a + 2k\pi)$，从而
$$a^b = e^{b\text{Ln}\,a} = e^{b[\ln a + 2k\pi i]} = e^{b\ln a + 2bk\pi i}, \quad k = 0, \pm 1, \pm 2, \cdots.$$

当 b 为整数时，$a^b = e^{b\ln a + 2bk\pi i} = e^{b\ln a}$ 为单值；

当 $b = \dfrac{p}{q}$（p，q 为互质的整数，$q > 0$）时，
$$a^{\frac{p}{q}} = e^{\frac{p}{q}[\ln a + 2k\pi i]} = e^{\frac{p}{q}\ln a + 2p\frac{k}{q}\pi i}, k = 0, \pm 1, \pm 2, \cdots,$$
具有 q 个不同的值.

当 b 为其他复数时，a^b 具有无穷多的值.

定义 2.2.4 称 $w = z^b = e^{b\text{Ln}\,z}$（$z \neq 0$，$b$ 为任意复常数）为复变数 z 的幂函数.

当 $b = n$ 时，$w = z^n$ 为复平面上处处解析的单值函数，且 $(z^n)' = nz^{n-1}$；其反函数 $w = z^{\frac{1}{n}}$ 为多值函数，具有 n 个分支，其导数可以借助关系式 $w = z^{\frac{1}{n}} = e^{\frac{1}{n}\text{Ln}\,z}$ 来计算：
$$(z^{\frac{1}{n}})' = (e^{\frac{1}{n}\text{Ln}\,z})' = \frac{1}{n}z^{\frac{1}{n}-1}.$$

当 $b = \dfrac{p}{q}$（p，q 为互质的整数，$q > 0$）时，
$$a^{\frac{p}{q}} = e^{\frac{p}{q}[\ln a + 2k\pi i]} = e^{\frac{p}{q}\ln a + 2p\frac{k}{q}\pi i}, k = 0, \pm 1, \pm 2, \cdots,$$
具有 q 个不同的值，$(z^b)' = bz^{b-1}$.

当 b 为其他复数时, $w=z^b=\mathrm{e}^{b\mathrm{Ln}\,z}$ 具有无穷多值, 并且 $(z^b)'=bz^{b-1}$. 由于 $\mathrm{Ln}\,z$ 的各个分支在除去原点与负实轴的复平面上处处解析, 因此 $w=z^b$ 的各个分支也在除去原点与负实轴的复平面上处处解析.

例 2.2.3 讨论指数函数 e^z 与幂函数 e 的 z 次幂的不同.

解 e^z 是单值函数. 设 e 的 z 次幂为 $f(z)$, 由幂函数定义

$$f(z)=\mathrm{e}^{z\mathrm{Ln}\,\mathrm{e}}=\mathrm{e}^{z(\ln\mathrm{e}+2k\pi\mathrm{i})}=\mathrm{e}^{z+2zk\pi\mathrm{i}}, \qquad k=0,\pm1,\pm2,\cdots,$$

因此, 当 z 为整数时, $f(z)=\mathrm{e}^z$; 当 $z=\dfrac{p}{q}$ (p, q 为互质的整数, $q>0$) 时, $f(z)$ 取 q 个不同的值; z 取其他值时, $f(z)$ 取无穷多值.

例 2.2.4 计算 $1^{\sqrt{2}}$ 和 i^{i} 的值.

解 $1^{\sqrt{2}}=\mathrm{e}^{\sqrt{2}\mathrm{Ln}\,1}=\mathrm{e}^{\sqrt{2}(\ln 1+2k\pi\mathrm{i})}=\mathrm{e}^{2\sqrt{2}k\pi\mathrm{i}}$

$$=\cos(2\sqrt{2}k\pi)+\mathrm{i}\sin(2\sqrt{2}k\pi), k=0,\pm1,\pm2,\cdots,$$

$\mathrm{i}^{\mathrm{i}}=\mathrm{e}^{\mathrm{i}\mathrm{Ln}\,\mathrm{i}}=\mathrm{e}^{\mathrm{i}(\ln|\mathrm{i}|+\mathrm{i}\mathrm{Arg}\,\mathrm{i})}=\mathrm{e}^{\mathrm{i}\cdot\left(\frac{\pi}{2}\mathrm{i}+2k\pi\mathrm{i}\right)}$

$$=\mathrm{e}^{-\left(\frac{\pi}{2}+2k\pi\right)}, k=0,\pm1,\pm2,\cdots.$$

2.2.4 三角函数

1. 定义

定义 2.2.5 函数 $\dfrac{\mathrm{e}^{\mathrm{i}z}+\mathrm{e}^{-\mathrm{i}z}}{2}$ 与 $\dfrac{\mathrm{e}^{\mathrm{i}z}-\mathrm{e}^{-\mathrm{i}z}}{2\mathrm{i}}$ 分别为复变量 z 的正弦函数与余弦函数, 记为 $\cos z$ 与 $\sin z$, 即

$$\cos z=\frac{\mathrm{e}^{\mathrm{i}z}+\mathrm{e}^{-\mathrm{i}z}}{2}, \ \sin z=\frac{\mathrm{e}^{\mathrm{i}z}-\mathrm{e}^{-\mathrm{i}z}}{2\mathrm{i}}. \qquad (2.2.6)$$

由指数函数定义式(2.2.1), 有

$$\mathrm{e}^{\mathrm{i}y}=\cos y+\mathrm{i}\sin y, \ \mathrm{e}^{-\mathrm{i}y}=\cos y-\mathrm{i}\sin y,$$

因此 $\cos y=\dfrac{\mathrm{e}^{\mathrm{i}y}+\mathrm{e}^{-\mathrm{i}y}}{2}$, $\sin y=\dfrac{\mathrm{e}^{\mathrm{i}y}-\mathrm{e}^{-\mathrm{i}y}}{2\mathrm{i}}$. 将这个结果推广到自变量取复值的情形, 我们就得到了这个定义.

由定义式(2.2.6), 可知 $\mathrm{e}^{\mathrm{i}z}=\cos z+\mathrm{i}\sin z$, 即对复数而言, 欧拉公式仍然成立.

2. 性质 由式(2.2.6), 还不难证明 $\cos z$ 与 $\sin z$ 具有如下性质:

性质 1 $\cos z$ 与 $\sin z$ 是周期为 2π 的函数.

由于指数函数 e^z 以 2π 为周期, 因此 $\cos z$ 与 $\sin z$ 是周期为 2π 的函数.

性质 2 余弦函数 $\cos z$ 是偶函数, $\sin z$ 为奇函数.

性质 3 $\cos z$ 与 $\sin z$ 在复平面上处处解析，并且
$$(\cos z)' = -\sin z, \quad (\sin z)' = \cos z.$$

性质 4 $\cos(z_1 + z_2) = \cos z_1 \cos z_2 - \sin z_1 \sin z_2,$
$$\sin(z_1 + z_2) = \sin z_1 \cos z_2 + \cos z_1 \sin z_2.$$

性质 5 $\cos^2 z + \sin^2 z = 1.$

上述性质与实变函数的三角余弦、三角正弦的性质相同.

性质 6 $|\cos z|$ 与 $|\sin z|$ 无界. 这与实变函数中 $|\cos x| \leq 1$，$|\sin x| \leq 1$ 不同.

例如，对 $\cos z = \cos \mathrm{i} y = \dfrac{\mathrm{e}^{-y} + \mathrm{e}^{y}}{2}$，当 $y \to \infty$ 时，$|\cos \mathrm{i} y| \to \infty$.

除此以外，还可验证出 $\cos^2 z$ 与 $\sin^2 z$ 不总是非负的.

其他复三角函数可以通过如下定义式得到：
$$\tan z = \frac{\sin z}{\cos z}, \quad \cot z = \frac{\cos z}{\sin z}, \quad \sec z = \frac{1}{\cos z}, \quad \csc z = \frac{1}{\sin z}.$$

他们在除去分母的零点的复平面上是处处解析的.

2.2.5 双曲函数

1. 定义

定义 2.2.6 复双曲余弦、双曲正弦与双曲正切分别定义如下：
$$\mathrm{ch}\, z = \frac{\mathrm{e}^z + \mathrm{e}^{-z}}{2}, \quad \mathrm{sh}\, z = \frac{\mathrm{e}^z - \mathrm{e}^{-z}}{2}, \quad \mathrm{th}\, z = \frac{\mathrm{sh}\, z}{\mathrm{ch}\, z} = \frac{\mathrm{e}^z - \mathrm{e}^{-z}}{\mathrm{e}^z + \mathrm{e}^{-z}}. \tag{2.2.7}$$

显然，当 z 为实数时，定义与实双曲余弦、双曲正弦与双曲正切的定义完全一致.

2. 性质

性质 1 $\mathrm{ch}\, z$ 和 $\mathrm{sh}\, z$ 是周期为 $2\pi \mathrm{i}$ 的函数，$\mathrm{th}\, z$ 是周期为 $\pi \mathrm{i}$ 的函数.

性质 2 $\mathrm{ch}\, z$ 为偶函数，$\mathrm{sh}\, z$ 为奇函数.

性质 3 $\mathrm{ch}\, z$ 和 $\mathrm{sh}\, z$ 在复平面上处处解析，并且 $(\mathrm{ch}\, z)' = \mathrm{sh}\, z$，$(\mathrm{sh}\, z)' = \mathrm{ch}\, z.$

2.2.6 反三角函数与反双曲函数

设 $z = \cos w = \dfrac{\mathrm{e}^{\mathrm{i}w} + \mathrm{e}^{-\mathrm{i}w}}{2}$，得方程 $(\mathrm{e}^{\mathrm{i}w})^2 - 2z\mathrm{e}^{\mathrm{i}w} + 1 = 0$，解得 $\mathrm{e}^{\mathrm{i}w} = z + \sqrt{z^2 - 1}$，从而 $\mathrm{i}w = \mathrm{Ln}(z + \sqrt{z^2 - 1})$，$w = -\mathrm{i}\,\mathrm{Ln}(z + \sqrt{z^2 - 1})$.

记反余弦函数为 Arccos z, 那么 Arccos $z = -i\text{Ln}(z + \sqrt{z^2-1})$, 是多值函数.

同样方法, 我们可以得到反三角正弦和反三角正切定义如下:

$$\text{Arcsin } z = -i\text{Arcsin } z = -i\text{Ln}(iz + \sqrt{1-z^2}), \text{Arctan } z = \frac{i}{2}\text{Ln}\frac{1+iz}{1-iz}$$

都是多值函数.

反双曲函数定义为双曲函数的反函数, 定义式如下:

反双曲正弦　　$\text{Arsh } z = \text{Ln}(z + \sqrt{z^2+1})$;

反双曲余弦　　$\text{Arch } z = \text{Ln}(z + \sqrt{z^2-1})$;

反双曲正切　　$\text{Arth } z = \frac{1}{2}\text{Ln}\frac{1+z}{1-z}$;

反双曲余切　　$\text{Arcoth } z = \frac{1}{2}\text{Ln}\frac{z+1}{z-1}$.

它们都是多值函数.

习 题 二

A 类

1. 选择题:

(1) 函数 $f(z)$ 在 z 点可导是函数 $f(z)$ 在 z 点解析的 (　　) 条件.

　　A. 充分不必要　　　　B. 必要不充分

　　C. 充分必要　　　　　D. 既不充分也不必要

(2) 下列命题中, 正确的是 (　　).

　　A. 如果 z_0 是 $f(z)$ 和 $g(z)$ 的一个奇点, 则也是 $f(z) \pm g(z)$ 和 $\frac{f(z)}{g(z)}$ 的奇点

　　B. 如果 z_0 是 $f(z)$ 的奇点, 则 $f(z)$ 在 z_0 不可导

　　C. 若 $u(x,y)$, $v(x,y)$ 在区域 D 内满足柯西-黎曼条件, 则函数
$$f(z) = u(x,y) + iv(x,y)$$
在区域 D 内解析

　　D. 若 $f(z)$ 在区域 D 内解析, 则 $\overline{if(z)}$ 在 D 内解析

2. 下列函数在何处可导? 在何处解析?

(1) $f(z) = \bar{z} \cdot z^2$; (2) $f(z) = 2x^3 + 3y^3 i$; (3) $f(z) = \text{Im}(z)$.

3. 试证下列函数在复平面上任何点都不解析:

(1) $f(z) = x - yi$; (2) $f(z) = x + 2y$; (3) $f(z) = i\text{Re}3z$;

(4) $f(z) = \dfrac{1}{|\bar{z}|}$.

4. 证明下列函数在复平面上解析：

(1) $f(z) = 3x + y + i(3y - x)$；

(2) $f(z) = e^{-y}\sin x - i e^{-y}\cos x$；

(3) $f(z) = (z^2 - 2)e^{-x}e^{-iy}$.

5. 设 $f(z) = a\ln(x^2 + y^2) + i\arctan\left(\dfrac{y}{x}\right)$ 在 $x > 0$ 时解析，求 a.

6. 求下列函数的解析区域，并求导数：

(1) $(z-1)^5$；　　　(2) $z^3 + 2iz$；

(3) $\dfrac{1}{z^2 - 1}$；　　　(4) $\dfrac{az+b}{cz+d}$　（c, d 至少一个不为零）.

7. 求下列函数的奇点：

(1) $f(z) = \dfrac{z}{(z-1)^2(z+i)\cos \pi z}$；　(2) $f(z) = \dfrac{e^{\frac{1}{iz-i}}}{z^2}$.

8. 判断下列命题真假，并举例说明：

(1) 如果 $f'(z_0)$ 存在，那么 $f(z)$ 在 z_0 解析；

(2) 如果 $f(z)$ 在 z_0 连续，那么 $f(z)$ 在 z_0 解析；

(3) 实部与虚部满足柯西-黎曼条件的复变函数是解析函数；

(4) 如果 z_0 是 $f(z)$ 的奇点，那么 $f(z)$ 在 z_0 不可导.

9. 求下列方程的解：

(1) $1 + e^z = 0$；(2) $\sin z = 0$；(3) $\cos z = 0$；

(4) $\sin z + \cos z = 0$.

10. 下列关系是否正确？

(1) $\overline{e^z} = e^{\bar{z}}$；(2) $\overline{\cos z} = \cos \bar{z}$；(3) $\overline{\sin z} = \sin \bar{z}$.

11. 计算 $\mathrm{Ln}\left(-\dfrac{\pi}{2}i\right)$, $\exp\left(\dfrac{1+i\pi}{4}\right)$, 3^i 和 $(1+i)^i$ 的值.

12. 证明对数函数的下列性质：

(1) $\mathrm{Ln}(z_1 z_2) = \mathrm{Ln}\, z_1 + \mathrm{Ln}\, z_2$；

(2) $\mathrm{Ln}\left(\dfrac{z_1}{z_2}\right) = \mathrm{Ln}\, z_1 - \mathrm{Ln}\, z_2$.

13. 说明下列等式是否正确：

(1) $\mathrm{Ln}\, z^2 = 2\mathrm{Ln}\, z$.

(2) $\mathrm{Ln}\, \sqrt{z} = \dfrac{1}{2}\mathrm{Ln}\, z$.

14. 证明：

(1) $\cos(z_1 + z_2) = \cos z_1 \cos z_2 - \sin z_1 \sin z_2$；

(2) $\cos^2 z + \sin^2 z = 1$；

(3) $\sin(z_1 + z_2) = \sin z_1 \cos z_2 + \cos z_1 \sin z_2$；

(4) $\sin 2z = 2\sin z \cos z$.

15. 试证：

(1) $\lim\limits_{z\to 0}\dfrac{\sin z}{z}=1$；   (2) $\lim\limits_{z\to 0}\dfrac{e^z-1}{z}=1$.

B 类

1. 求下列函数的解析区域，并求导数：

(1) e^{e^z}；(2) $\cos e^{\frac{1}{z}}$；(3) $\sin \bar{z}$；(4) $\dfrac{e^z}{z^2+1}$.

2. 已知 $f(z)=\dfrac{\ln\left(\dfrac{1}{2}+z^2\right)}{\sin\left(\dfrac{1+i}{4}\pi z\right)}$，求 $|f'(1-i)|$ 以及 $\arg f'(1-i)$.

3. 设 $f(z)=x^3+i(1-y)^3$，证明：当且仅当 $z=i$ 时，$f'(z)=\dfrac{\partial u}{\partial x}+i\dfrac{\partial v}{\partial x}=3x^2$ 成立.

4. 设 $f(z)=u(x,y)+iv(x,y)$ 以及 $\overline{f(z)}=u(x,y)-iv(x,y)$ 都在区域 D 上解析，证明：$f(z)$ 是一个常数.

5. 设函数 $f(z)$ 在上半复平面解析，试证函数 $\overline{f(\bar{z})}$ 在下半复平面解析.

第 3 章
复变函数的积分

【学习目标】

1. 理解复变函数的积分的概念，掌握复变函数的积分的计算方法．
2. 掌握柯西-古萨基本定理与复合闭路定理．
3. 掌握柯西积分公式与高阶导数公式．
4. 了解解析函数与调和函数的关系．

3.1 复变函数的积分

3.1.1 复变函数的积分的概念

复变函数的积分主要考察沿复平面上曲线的积分．如无特殊说明，以后讨论的曲线均指光滑或分段光滑的有向曲线．规定曲线 C 从起点指向终点的方向为正方向．若 C 为简单闭曲线，规定其正方向为当曲线上动点 P 按此方向沿曲线前进时，邻近点 P 的 C 所围的区域内部始终在点 P 的左方．与正方向相反的方向称为负方向，记为 C^-．图 3.1.1 中箭头所指为多连通域 D 的两条边界曲线的正方向．

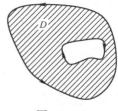

图 3.1.1

定义 3.1.1 设函数 $w=f(z)$ 在区域 D 上有定义，C 为区域 D 内起点为 A，终点为 B 的一条光滑的有向曲线．将曲线 C 任意分成 n 个小弧段，设分点为

$$A=z_0,z_1,z_2,\cdots,z_{k-1},z_k,\cdots,z_{n-1},z_n=B,$$

在每个小弧段 $\widehat{z_{k-1}z_k}$ 上任取一点 ζ_k（见图 3.1.2），作和 $\sum_{k=1}^{n} f(\zeta_k)\Delta z_k$，其中 $\Delta z_k = z_k - z_{k-1}$．记 Δs_k 为 $\widehat{z_{k-1},z_k}$ 的长度，令 $\lambda = \max_{1\leq k\leq n}\{\Delta s_k\}$，若不论对 C 的分法和 ζ_k 的取法，极限 $\lim_{\lambda \to 0}\sum_{k=1}^{n} f(\zeta_k)\Delta z_k$ 存在，则称极限值为函数 $w = f(z)$ 沿曲线 C 的积分，记为 $\int_C f(z)\mathrm{d}z$，即

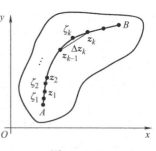

图 3.1.2

$$\int_C f(z)\,\mathrm{d}z = \lim_{\lambda \to 0} \sum_{k=1}^{n} f(\zeta_k)\Delta z_k. \tag{3.1.1}$$

如果曲线 C 为闭曲线,那么积分记为 $\oint_C f(z)\,\mathrm{d}z$.

当 $f(z) = u(x)$,C 为 x 轴上的区间 $[a,b]$ 时,这个积分定义就是一元实变函数定积分的定义.

3.1.2 积分存在的条件及计算方法

和实变函数可积一定有界一样,$w = f(z)$ 沿曲线 C 的积分存在的必要条件是 $f(z)$ 在曲线 C 上有界.

下面给出计算积分的方法:

设 $f(z) = u(x,y) + iv(x,y)$,$z = x + iy$,那么

$$\begin{aligned}\int_C f(z)\,\mathrm{d}z &= \int_C [u(x,y) + iv(x,y)] \cdot \mathrm{d}(x + iy) \\ &= \int_C u\,\mathrm{d}x - v\,\mathrm{d}y + i\int_C v\,\mathrm{d}x + u\,\mathrm{d}y.\end{aligned} \tag{3.1.2}$$

其中 $\int_C u\,\mathrm{d}x - v\,\mathrm{d}y$ 与 $\int_C v\,\mathrm{d}x + u\,\mathrm{d}y$ 即为实变函数中二元函数的第二类曲线积分. 这说明当 $f(z)$ 在曲线 C 上连续并且曲线 C 光滑时,复变函数的积分 $\int_C f(z)\,\mathrm{d}z$ 一定可积,并且可以转化为两个二元函数的第二类曲线积分来计算.

设光滑曲线 C 的参数方程为 $z = z(t) = x(t) + iy(t)$,$\alpha \leqslant t \leqslant \beta$ 给出,参数 α 对应起点 A,β 对应终点 B,并且当 $\alpha < t < \beta$ 时,$z'(t) \neq 0$,那么根据二元函数的第二类曲线积分的计算方法,我们有

$$\begin{aligned}\int_C f(z)\,\mathrm{d}z = &\int_\alpha^\beta \{u[x(t),y(t)]x'(t) - v[x(t),y(t)]y'(t)\}\,\mathrm{d}t + \\ &i\int_\alpha^\beta \{v[x(t),y(t)]x'(t) + u[x(t),y(t)]y'(t)\}\,\mathrm{d}t,\end{aligned}$$

$$\tag{3.1.3}$$

上式右端可记为 $\int_\alpha^\beta f(z)z'(t)\,\mathrm{d}t$,那么有

$$\int_C f(z)\,\mathrm{d}z = \int_\alpha^\beta f(z)z'(t)\,\mathrm{d}t. \tag{3.1.4}$$

如果曲线 C 是分片光滑的,$C = C_1 + C_2 + \cdots + C_n$,其中 $C_i(i=1,2,\cdots,n)$ 是光滑的,那么

$$\int_C f(z)\,\mathrm{d}z = \int_{C_1} f(z)\,\mathrm{d}z + \int_{C_2} f(z)\,\mathrm{d}z + \cdots + \int_{C_n} f(z)\,\mathrm{d}z.$$

$$\tag{3.1.5}$$

例 3.1.1 沿下列路径计算积分 $\int_C z^3 \mathrm{d}z$:

(1) C 为从原点到 $z_0 = 1 + \mathrm{i}$ 的直线段;

(2) C 为从原点到 $z_1 = 1$,再从 $z_1 = 1$ 到 $z_0 = 1 + \mathrm{i}$ 的折线(见图 3.1.3).

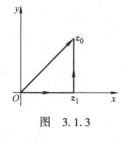

图 3.1.3

解 (1) C 的方程为
$$z = t + t\mathrm{i} = (1 + \mathrm{i})t,$$
原点处 $t = 0$,z_0 处 $t = 1$,从而
$$\int_C z^3 \mathrm{d}z = \int_0^1 (1+\mathrm{i})^3 t^3 [(1+\mathrm{i})t]' \mathrm{d}t$$
$$= (1+\mathrm{i})^4 \int_0^1 t^3 \mathrm{d}t = \frac{(1+\mathrm{i})^4}{4} = -1;$$

(2) $C = C_1 + C_2$,C_1 的方程为
$$z = x,$$
原点处 $x = 0$,z_1 处 $x = 1$;C_2 的方程为 $z = 1 + \mathrm{i}y$,z_1 处 $y = 0$,z_0 处 $y = 1$,从而
$$\int_C z^3 \mathrm{d}z = \int_{C_1} z^3 \mathrm{d}z + \int_{C_2} z^3 \mathrm{d}z$$
$$= \int_0^1 x^3 \mathrm{d}x + \int_0^1 (1+\mathrm{i}y)^3 \mathrm{i}\mathrm{d}y$$
$$= \frac{1}{4} + \frac{(1+\mathrm{i})^4}{4} - \frac{1}{4} = -1.$$

注意到,沿不同积分曲线 C 的积分结果是相同的.事实上,令 $z = x + \mathrm{i}y$,$z^3 = (x+\mathrm{i}y)^3 = x^3 - 3xy^2 + \mathrm{i}(3x^2y - y^3) = u(x,y) + \mathrm{i}v(x,y)$,那么
$$\int_C z^3 \mathrm{d}z = \int_C u\mathrm{d}x - v\mathrm{d}y + \mathrm{i}\int_C v\mathrm{d}x + u\mathrm{d}y,$$
由二元函数曲线积分的格林公式很容易验证右边两个曲线积分都与积分曲线 C 无关,所以不论 C 是连接原点到 z_0 的什么样的曲线,$\int_C z^3 \mathrm{d}z$ 都等于 -1.

例 3.1.2 计算 $\oint_C \dfrac{\mathrm{d}z}{(z-z_0)^{n+1}}$,其中 C 为以 z_0 为圆心,r 为半径的正向圆周(见图 3.1.4),n 为整数.

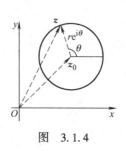

图 3.1.4

解 C 的方程为 $z = z_0 + r\mathrm{e}^{\mathrm{i}\theta}$,$0 \leqslant \theta \leqslant 2\pi$,因此
$$\oint_C \frac{\mathrm{d}z}{(z-z_0)^{n+1}} = \int_0^{2\pi} \frac{\mathrm{i}r\mathrm{e}^{\mathrm{i}\theta}}{r^{n+1}\mathrm{e}^{\mathrm{i}(n+1)\theta}} \mathrm{d}\theta$$
$$= \int_0^{2\pi} \frac{\mathrm{i}}{r^n \mathrm{e}^{\mathrm{i}n\theta}} \mathrm{d}\theta = \frac{\mathrm{i}}{r^n} \int_0^{2\pi} \mathrm{e}^{-\mathrm{i}n\theta} \mathrm{d}\theta,$$

当 $n = 0$ 时,结果为

$$\mathrm{i}\int_0^{2\pi}\mathrm{d}\theta = 2\pi\mathrm{i},$$

当 $n \neq 0$ 时，结果为

$$\frac{\mathrm{i}}{r^n} \cdot \left[-\frac{1}{\mathrm{i}n}(\mathrm{e}^{-2\pi n\mathrm{i}} - \mathrm{e}^0) \right] = 0.$$

从而

$$\oint_C \frac{\mathrm{d}z}{(z-z_0)^{n+1}} = \begin{cases} 2\pi\mathrm{i}, & n = 0, \\ 0, & n \neq 0. \end{cases} \tag{3.1.6}$$

这个结果以后要经常用到，应记住．它的特点是积分结果与积分曲线圆周的圆心和半径无关．

例 3.1.3 计算 $\int_C \bar{z}\,\mathrm{d}z$ 的值，其中 C 为：

(1) 从原点到 $z_0 = 3 + 4\mathrm{i}$ 的直线段；

(2) 从原点到 $z_1 = 3$，再从 $z_1 = 3$ 到 $z_0 = 3 + 4\mathrm{i}$ 的折线．

解 (1) C 的方程为 $z = (3+4\mathrm{i})t$, $0 \leq t \leq 1$，因此

$$\int_C \bar{z}\,\mathrm{d}z = \int_0^1 (3-4\mathrm{i})t \cdot (3+4\mathrm{i})\,\mathrm{d}t = \frac{25}{2};$$

(2) $C = C_1 + C_2$, C_1 的方程为 $z = x$, $0 \leq x \leq 3$, C_2 的方程为 $z = 3 + \mathrm{i}y$, $0 \leq y \leq 4$，因此

$$\int_C \bar{z}\,\mathrm{d}z = \int_{C_1} \bar{z}\,\mathrm{d}z + \int_{C_2} \bar{z}\,\mathrm{d}z = \int_0^3 x\,\mathrm{d}x + \int_0^4 (3-\mathrm{i}y)\cdot\mathrm{i}\,\mathrm{d}y = \frac{25}{2} + 12\mathrm{i}.$$

例 3.1.4 计算 $\oint_C \frac{\bar{z}}{|z|}\,\mathrm{d}z$ 的值，其中 C 为圆周正向：

(1) $|z| = 1$；

(2) $|z| = 2$．

解 (1) C 的方程为 $z = \mathrm{e}^{\mathrm{i}\theta}$, $0 \leq \theta \leq 2\pi$，因此

$$\oint_C \frac{\bar{z}}{|z|}\,\mathrm{d}z = \int_0^{2\pi} \frac{\mathrm{e}^{-\mathrm{i}\theta}}{|\mathrm{e}^{-\mathrm{i}\theta}|} \cdot \mathrm{i}\mathrm{e}^{\mathrm{i}\theta}\,\mathrm{d}\theta = \mathrm{i}\int_0^{2\pi}\mathrm{d}\theta = 2\pi\mathrm{i};$$

(2) C 的方程为 $z = 2\mathrm{e}^{\mathrm{i}\theta}$, $0 \leq \theta \leq 2\pi$，因此

$$\oint_C \frac{\bar{z}}{|z|}\,\mathrm{d}z = \int_0^{2\pi} \frac{2\mathrm{e}^{-\mathrm{i}\theta}}{|2\mathrm{e}^{-\mathrm{i}\theta}|} \cdot 2\mathrm{i}\mathrm{e}^{\mathrm{i}\theta}\,\mathrm{d}\theta = 2\mathrm{i}\int_0^{2\pi}\mathrm{d}\theta = 4\pi\mathrm{i}.$$

3.1.3 积分的基本性质

根据复变函数积分的定义不难证明复变函数的积分有如下性质：

性质 1 $\int_C f(z)\,\mathrm{d}z = -\int_{C^-} f(z)\,\mathrm{d}z$；

性质 2 $\int_C kf(z)\,\mathrm{d}z = k\int_C f(z)\,\mathrm{d}z$ (k 为常数)；

性质 3 $\int_C [f(z) \pm g(z)]\,\mathrm{d}z = \int_C f(z)\,\mathrm{d}z \pm \int_C g(z)\,\mathrm{d}z$；

性质 4 设曲线 C 的长度为 L，函数 $f(z)$ 在 C 上满足

$|f(z)| \leq M$，那么
$$\left|\int_C f(z)\mathrm{d}z\right| \leq \int_C |f(z)||\mathrm{d}z| = \int_C |f(z)|\mathrm{d}s \leq ML, \quad (3.1.7)$$
这里 $\mathrm{d}s = |\mathrm{d}z| = \sqrt{(\mathrm{d}x)^2 + (\mathrm{d}y)^2}$，表示弧微分。

3.2 柯西-古萨基本定理

我们在这一节主要讨论积分 $\oint_C f(z)\mathrm{d}z$。从上一节的例题可以看出，$\oint_C f(z)\mathrm{d}z$ 的结果与被积函数在 C 内的解析性有关。事实上，如果曲线 C 是简单闭曲线，$f(z)$ 在 C 所围区域内处处解析，设 $z = x + \mathrm{i}y$，$f(z) = u(x,y) + \mathrm{i}v(x,y)$，那么
$$\oint_C f(z)\mathrm{d}z = \oint_C u\mathrm{d}x - v\mathrm{d}y + \mathrm{i}\oint_C v\mathrm{d}x + u\mathrm{d}y. \quad (3.2.1)$$
由格林公式和柯西-黎曼条件，得
$$\oint_C u\mathrm{d}x - v\mathrm{d}y = \iint_D (-v_x - u_y)\mathrm{d}\sigma = 0,$$
$$\oint_C v\mathrm{d}x + u\mathrm{d}y = \iint_D (u_x - v_y)\mathrm{d}\sigma = 0,$$
其中 D 是曲线 C 所围区域。所以 $\oint_C f(z)\mathrm{d}z = 0$。

关于这一现象，我们有下面这条在解析函数理论中最基本的定理。

3.2.1 柯西-古萨（Cauchy-Goursat）基本定理

柯西-古萨基本定理 如果函数 $f(z)$ 在单连通域 B 内处处解析，那么函数 $f(z)$ 在 B 内的任一条封闭曲线 C 的积分为零，即
$$\oint_C f(z)\mathrm{d}z = 0.$$
这个定理的证明比较复杂，这里略去。

定理中的积分曲线 C 可以不是简单曲线。另外，定理中要求曲线 C 属于区域 B，这个条件改为 C 是区域 B 的边界曲线，结论仍然成立。

3.2.2 原函数与不定积分

由柯西-古萨基本定理，显然有下面的结果：

定理 3.2.1 如果函数 $f(z)$ 在单连通域 B 内处处解析，那么积分 $\int_C f(z)\mathrm{d}z$ 与连结起点与终点的路径 C 无关。

定理 3.2.1 说明，如果函数 $f(z)$ 在单连通域 B 上处处解析，

那么积分 $\int_C f(z)\,dz$ 的值只由曲线 C 的起点与终点决定. 因此, 当起点 z_0 固定时, 积分 $\int_{z_0}^{z} f(\zeta)\,d\zeta$ 确定了一个单值函数 $F(z)$, $F(z) = \int_{z_0}^{z} f(\zeta)\,d\zeta$. 对于这个函数, 我们可以得到如下结论:

定理 3.2.2 如果函数 $f(z)$ 在单连通域 B 内处处解析, 那么函数

$$F(z) = \int_{z_0}^{z} f(\zeta)\,d\zeta$$

为 B 内的解析函数, 并且 $F'(z) = f(z)$.

证明 对 $\forall z \in B$, 由于 B 为区域, 那么只要 $|\Delta z|$ 充分小, $z + \Delta z$ 就落在了点 z 的某个完全属于 B 的邻域 U 内, 从而

$$F(z + \Delta z) - F(z) = \int_{z_0}^{z+\Delta z} f(\zeta)\,d\zeta - \int_{z_0}^{z} f(\zeta)\,d\zeta. \quad (3.2.2)$$

由柯西-古萨基本定理知积分与路径无关, 因此对 $\int_{z_0}^{z+\Delta z} f(\zeta)\,d\zeta$, 可取从 z_0 沿 $\int_{z_0}^{z} f(\zeta)\,d\zeta$ 相同的路径到 z, 再从 z 沿直线到 $z + \Delta z$, 于是有

$$F(z + \Delta z) - F(z) = \int_{z}^{z+\Delta z} f(\zeta)\,d\zeta + \int_{z_0}^{z} f(\zeta)\,d\zeta - \int_{z_0}^{z} f(\zeta)\,d\zeta$$

$$= \int_{z}^{z+\Delta z} f(\zeta)\,d\zeta.$$

那么

$$\left| \frac{F(z+\Delta z) - F(z)}{\Delta z} - f(z) \right| = \left| \frac{\int_{z}^{z+\Delta z} f(\zeta)\,d\zeta}{\Delta z} - f(z) \right|$$

$$= \left| \frac{\int_{z}^{z+\Delta z} [f(\zeta) - f(z)]\,d\zeta}{\Delta z} \right| \quad (3.2.3)$$

$$\leqslant \frac{\int_{z}^{z+\Delta z} |f(\zeta) - f(z)|\,|d\zeta|}{|\Delta z|},$$

函数 $f(z)$ 在 B 内处处解析, 所以在 B 内处处连续, 因而对任意 $\varepsilon < 0$, 总存在 $\delta > 0$, 当 $|\zeta - z| < \delta$ 时, $|f(\zeta) - f(z)| < \varepsilon$, 也就是说当 $|\Delta z|$ 充分小, 以至于 $|\Delta z| < \delta$ 时, 有 $|f(\zeta) - f(z)| < \varepsilon$, 那么式(3.2.3) 就化为

$$\left| \frac{F(z+\Delta z) - F(z)}{\Delta z} - f(z) \right| \leqslant \frac{\int_{z}^{z+\Delta z} |f(\zeta) - f(z)|\,|d\zeta|}{|\Delta z|} < \frac{\varepsilon |\Delta z|}{|\Delta z|} = \varepsilon.$$

这说明 $\lim\limits_{\Delta z \to 0} \left[\frac{F(z+\Delta z) - F(z)}{\Delta z} - f(z) \right] = 0$, 即 $F'(z) = f(z)$. 证毕.

这个定理跟微积分学中积分上限函数的求导定理完全类似，所以我们也可以在此基础上得出复变函数的牛顿-莱布尼茨公式. 首先，给出原函数的概念.

定义 3.2.1 在区域 B 上，称满足条件 $\varphi'(z)=f(z)$ 的函数 $\varphi(z)$ 为 $f(z)$ 在区域 B 上的原函数.

定理 3.2.1 说明 $\int_{z_0}^{z} f(\zeta)\mathrm{d}\zeta$ 是 $f(z)$ 的一个原函数.

跟微积分学中一样，设 $F(z)$ 为 $f(z)$ 的一个原函数，那么 $\int f(z)\mathrm{d}z = F(z)+C$ 称为 $f(z)$ 的不定积分.

定理 3.2.3 如果 $f(z)$ 在单连通域 B 内处处解析，$F(z)$ 为 $f(z)$ 的一个原函数，那么 $\int_{z_1}^{z_2} f(z)\mathrm{d}z = F(z_2) - F(z_1)$.

例 3.2.1 计算积分 $\int_{1}^{i} z^2 \mathrm{d}z$.

解 z^2 在整个复平面解析，$\dfrac{z^3}{3}$ 为其一个原函数，从而

$$\int_{1}^{i} z^2 \mathrm{d}z = \left.\dfrac{z^3}{3}\right|_{1}^{i} = -\dfrac{1+i}{3}.$$

3.2.3 复合闭路定理

接下来我们将柯西-古萨基本定理推广到 B 是多连通域的情形.

定理 3.2.4（复合闭路定理）设 C 为多连通域 D 内的一条简单闭曲线，$C_1,C_2,\cdots,C_n$ 是在 C 内部的简单闭曲线，它们互不包含互不相交，并且以 $C,C_1,C_2,\cdots,C_n$ 为边界的区域全部包含于 D. 如果 $f(z)$ 在 D 内解析，设 Γ 为由 $C,C_1,C_2,\cdots,C_n$ 所组成的复合闭路，C 取逆时针方向，$C_1,C_2,\cdots,C_n$ 取顺时针方向，那么

$$\oint_{\Gamma} f(z)\mathrm{d}z = 0,$$

即

$$\oint_{C} f(z)\mathrm{d}z = \sum_{i=1}^{n} \oint_{C_i} f(z)\mathrm{d}z, \quad C,C_1,C_2,\cdots,C_n \text{ 均取逆时针方向}.$$

证明 取 $n+1$ 条互不相交完全在 D 内（端点除外）的光滑弧 $s,s_1,s_2,\cdots,s_n$，顺次连结 $C,C_1,C_2,\cdots,C_n$，那么 $s,s_1,s_2,\cdots,s_n$ 将 D 划分为两个单连通域 D_1 与 D_2，如图 3.2.1 以 $n=2$ 为例. 设 D_1 与 D_2 的边界曲线分别为 Γ_1 与 Γ_2，逆时针方向，那么由柯西-古萨基本定理，有

$$\oint_{\Gamma_1} f(z)\mathrm{d}z = 0, \quad \oint_{\Gamma_2} f(z)\mathrm{d}z = 0,$$

于是 $\oint_{\Gamma_1+\Gamma_2} f(z)\mathrm{d}z = 0$. 注意到沿 $s,s_1,s_2,\cdots,s_n$ 的积分正向和反

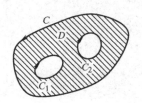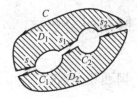

图 3.2.1

向各取了一次，在相加的过程中互相抵消，即 $\Gamma_1 + \Gamma_2 = \Gamma$，因此 $\oint_\Gamma f(z)\,\mathrm{d}z = 0$. 证毕.

取定理中的 $n = 1$，那么有

$$\oint_C f(z)\,\mathrm{d}z = \oint_{C_1} f(z)\,\mathrm{d}z,$$

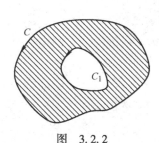

图 3.2.2

C, C_1 如图 3.2.2 所示. 这说明一个解析函数 $f(z)$ 沿闭曲线的积分不因为闭曲线在解析区域内的连续变形而改变结果，只要在变形过程中，闭曲线不经过 $f(z)$ 不解析的点. 这一现象，称为闭路变形原理.

例如例 3.1.2 的结果说明，当 C 是以 z_0 为圆心的圆周时，$\oint_C \dfrac{\mathrm{d}z}{z-z_0} = 2\pi\mathrm{i}$，所以，根据闭路变形原理，对包含 z_0 的任意一条简单正向闭曲线 Γ，都有 $\oint_\Gamma \dfrac{\mathrm{d}z}{z-z_0} = 2\pi\mathrm{i}$.

例 3.2.2 计算积分 $\oint_C \dfrac{1}{\cos z}\,\mathrm{d}z$，其中 C 为 $|z| = 1$ 正向.

解 因为 $\dfrac{1}{\cos z} = \dfrac{2}{\mathrm{e}^{\mathrm{i}z} + \mathrm{e}^{-\mathrm{i}z}}$ 的解析区域是 $z \neq \dfrac{\pi}{2} + k\pi, k = 0, \pm 1, \cdots$ 的整个复平面，所以在 C 及 C 的内部解析. 由复合闭路定理，$\oint_C \dfrac{1}{\cos z}\,\mathrm{d}z = 0.$

例 3.2.3 计算积分 $\oint_\Gamma \dfrac{2z-1}{z^2-z}\,\mathrm{d}z$，其中 Γ 为包含圆周 $|z| = 1$ 在内的任何正向简单闭曲线.

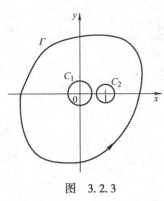

图 3.2.3

解 函数 $\dfrac{2z-1}{z^2-z}$ 在复平面内有两个奇点 $z = 0$ 和 $z = 1$. 由题意可知，这两个奇点都包含在 Γ 内. 在 Γ 内作两个互不包含互不相交的小圆 C_1, C_2，使得 C_1 以 $z = 0$ 为圆心，C_2 以 $z = 1$ 为圆心. 如图 3.2.3 所示，由复合闭路定理，有

$$\oint_\Gamma \frac{2z-1}{z^2-z}\,\mathrm{d}z = \oint_{C_1} \frac{2z-1}{z^2-z}\,\mathrm{d}z + \oint_{C_2} \frac{2z-1}{z^2-z}\,\mathrm{d}z$$

$$= \oint_{C_1} \frac{1}{z-1}\,\mathrm{d}z + \oint_{C_1} \frac{1}{z}\,\mathrm{d}z + \oint_{C_2} \frac{1}{z-1}\,\mathrm{d}z + \oint_{C_2} \frac{1}{z}\,\mathrm{d}z$$

$$= 0 + 2\pi\mathrm{i} + 2\pi\mathrm{i} + 0$$

$$= 4\pi\mathrm{i}.$$

3.3 柯西积分公式

3.3.1 柯西积分公式

定理 3.3.1 （柯西积分公式） 如果 $f(z)$ 在区域 D 上处处解析，曲线 C 是 D 内任一条简单正向闭曲线，其内部完全包含于 D，那么对 $\forall z_0 \in C$，有

$$f(z_0) = \frac{1}{2\pi i}\oint_C \frac{f(z)}{z-z_0}\mathrm{d}z. \tag{3.3.1}$$

证明 由于 $f(z)$ 在 z_0 连续，任意给定 $\varepsilon > 0$，存在 $\delta > 0$，当 $|z - z_0| < \delta$ 时，$|f(z) - f(z_0)| < \dfrac{\varepsilon}{2\pi}$. 对 C 内一点 z_0，设 $\varGamma$ 为以 z_0 为圆心，$R < \delta$ 为半径的圆周：$|z - z_0| = R$，那么由例 3.1.2 的结果，

$$\begin{aligned}\left|\oint_C \frac{f(z)}{z-z_0}\mathrm{d}z - 2\pi i f(z_0)\right| &= \left|\oint_\varGamma \frac{f(z)}{z-z_0}\mathrm{d}z - 2\pi i f(z_0)\right| \\ &= \left|\oint_\varGamma \frac{f(z)}{z-z_0}\mathrm{d}z - \oint_\varGamma \frac{f(z_0)}{z-z_0}\mathrm{d}z\right| \\ &= \left|\oint_\varGamma \frac{f(z)-f(z_0)}{z-z_0}\mathrm{d}z\right|.\end{aligned} \tag{3.3.2}$$

由式 (3.1.6)，

$$\left|\oint_C \frac{f(z)}{z-z_0}\mathrm{d}z - 2\pi i f(z_0)\right| \le \oint_\varGamma \frac{|f(z)-f(z_0)|}{|z-z_0|}|\mathrm{d}z| < \frac{\varepsilon}{2\pi R}\oint_\varGamma \mathrm{d}s = \varepsilon.$$

由 ε 的任意性，$\oint_C \dfrac{f(z)}{z-z_0}\mathrm{d}z = 2\pi i f(z_0)$. 证毕.

柯西积分公式表明，一个解析函数 $f(z)$ 沿曲线 C 的积分 $\oint_C \dfrac{f(z)}{z-z_0}\mathrm{d}z$，可以用 $f(z)$ 在曲线 C 内的函数值来表示. 反过来，$f(z)$ 在 C 内任一点的函数值也可以通过 $f(z)$ 在边界上的积分来表示，这反映了解析函数在区域内部的值和区域边界上的积分之间的关系，同时也给出了计算积分 $\oint_C \dfrac{f(z)}{z-z_0}\mathrm{d}z$ 的一个方法，即

$$\oint_C \frac{f(z)}{z-z_0}\mathrm{d}z = 2\pi i f(z_0). \tag{3.3.3}$$

值得注意的是，如果 C 是圆周 $z = z_0 + Re^{i\theta}$，那么 $f(z_0) = \dfrac{1}{2\pi}\int_0^{2\pi} f(z_0 + Re^{i\theta})\mathrm{d}\theta$.

例 3.3.1 计算积分 $\oint_C \dfrac{z}{(9-z^2)(z+\mathrm{i})}\mathrm{d}z$,其中 C 为正向圆周 $|z|=2$.

解 函数 $f(z) = \dfrac{z}{9-z^2}$ 在 C 内解析,$z_0 = -\mathrm{i}$ 在 C 内,由柯西积分公式,

$$\oint_C \dfrac{\dfrac{z}{9-z^2}}{z+\mathrm{i}}\mathrm{d}z = 2\pi\mathrm{i}\,\dfrac{z}{9-z^2}\bigg|_{z=-\mathrm{i}} = \dfrac{\pi}{5}.$$

3.3.2 解析函数的高阶导数

定理 3.3.2 (**高阶求导公式**) 解析函数 $f(z)$ 的导数仍为解析函数,它的 n 阶导数为

$$f^{(n)}(z_0) = \dfrac{n!}{2\pi\mathrm{i}}\oint_C \dfrac{f(z)}{(z-z_0)^{n+1}}\mathrm{d}z, n = 1,2,\cdots, \quad (3.3.4)$$

其中 C 为围绕 z_0 的任一条 $f(z)$ 的解析区域内的简单正向闭曲线.

证明 当 $n=1$ 时,由柯西积分公式,

$$f(z_0) = \dfrac{1}{2\pi\mathrm{i}}\oint_C \dfrac{f(z)}{z-z_0}\mathrm{d}z, \quad f(z_0+\Delta z) = \dfrac{1}{2\pi\mathrm{i}}\oint_C \dfrac{f(z)}{z-z_0-\Delta z}\mathrm{d}z,$$

于是

$$\dfrac{f(z_0+\Delta z) - f(z_0)}{\Delta z}$$

$$= \dfrac{1}{\Delta z}\left[\dfrac{1}{2\pi\mathrm{i}}\oint_C \dfrac{f(z)}{z-z_0-\Delta z}\mathrm{d}z - \dfrac{1}{2\pi\mathrm{i}}\oint_C \dfrac{f(z)}{z-z_0}\mathrm{d}z\right] \quad (3.3.5)$$

$$= \dfrac{1}{2\pi\mathrm{i}}\oint_C \dfrac{f(z)}{(z-z_0-\Delta z)(z-z_0)}\mathrm{d}z.$$

因此

$$\left|\dfrac{f(z_0+\Delta z)-f(z_0)}{\Delta z} - \dfrac{1}{2\pi\mathrm{i}}\oint_C \dfrac{f(z)}{(z-z_0)^2}\mathrm{d}z\right|$$

$$= \left|\dfrac{1}{2\pi\mathrm{i}}\oint_C \dfrac{f(z)}{(z-z_0-\Delta z)(z-z_0)}\mathrm{d}z - \dfrac{1}{2\pi\mathrm{i}}\oint_C \dfrac{f(z)}{(z-z_0)^2}\mathrm{d}z\right|$$

$$= \left|\dfrac{1}{2\pi\mathrm{i}}\oint_C \dfrac{f(z)\Delta z}{(z-z_0-\Delta z)(z-z_0)^2}\mathrm{d}z\right| \leq \dfrac{1}{2\pi}\oint_C \dfrac{|f(z)||\Delta z|}{|z-z_0-\Delta z||z-z_0|^2}\mathrm{d}s.$$

$$(3.3.6)$$

由闭曲线上连续函数的有界性,存在 $M>0$,使 $|f(z)|\leq M$,z 在 C 内. 设 d 为 z_0 到曲线 C 上各点距离的最小值,并取 $|\Delta z|$ 足够小,使 $|\Delta z| < \dfrac{d}{2}$,那么

$$\dfrac{1}{|z-z_0|}\leq \dfrac{1}{d},\quad |z-z_0-\Delta z|\geq |z-z_0|-|\Delta z|>\dfrac{d}{2},\quad \dfrac{1}{|z-z_0-\Delta z|}<\dfrac{2}{d},$$

从而
$$\frac{1}{2\pi}\oint_C \frac{|f(z)||\Delta z|}{|z-z_0-\Delta z||z-z_0|^2}ds < \frac{ML}{\pi d^3}|\Delta z|, \quad (3.3.7)$$

其中 L 为曲线 C 的长度. 令 $\Delta z \to 0$, 则

$$\left|\frac{f(z_0+\Delta z)-f(z_0)}{\Delta z} - \frac{1}{2\pi i}\oint_C \frac{f(z)}{(z-z_0)^2}dz\right| \quad (3.3.8)$$

$$\leqslant \frac{1}{2\pi}\oint_C \frac{|f(z)||\Delta z|}{|z-z_0-\Delta z||z-z_0|^2}ds < \frac{ML}{\pi d^3}|\Delta z| \to 0,$$

即

$$f'(z_0) = \lim_{\Delta z \to 0}\frac{f(z_0+\Delta z)-f(z_0)}{\Delta z} = \frac{1}{2\pi i}\oint_C \frac{f(z)}{(z-z_0)^2}dz.$$
$$(3.3.9)$$

类似地, 可以证明

$$f''(z_0) = \lim_{\Delta z \to 0}\frac{f'(z_0+\Delta z)-f'(z_0)}{\Delta z} = \frac{2!}{2\pi i}\oint_C \frac{f(z)}{(z-z_0)^3}dz.$$
$$(3.3.10)$$

利用数学归纳法, 可证得

$$f^{(n)}(z_0) = \frac{n!}{2\pi i}\oint_C \frac{f(z)}{(z-z_0)^{n+1}}dz, \quad n=1,2,\cdots.$$

证毕.

定理 3.3.2 表明, 解析函数具有任意阶导数, 并且它的任意阶导数仍为解析函数. 这一特征称之为解析函数的无穷可微性. 这是解析函数的重要特征. 这一点与实变函数大为不同.

和柯西积分公式一样, 式(3.3.4) 常来用来求积分, 即

$$\oint_C \frac{f(z)}{(z-z_0)^{n+1}}dz = \frac{2\pi i}{n!}f^{(n)}(z_0). \quad (3.3.11)$$

例 3.3.2 计算积分 $\oint_C \frac{\cos \pi z}{(z-1)^5}dz$, 其中 $C: |z|=r>1$, 正向.

解 $\cos \pi z$ 在 C 内解析, $z_0=1$ 在 C 内, 从而由高阶求导公式, 有

$$\oint_C \frac{\cos \pi z}{(z-1)^5}dz = \frac{2\pi i}{(5-1)!}(\cos \pi z)^{(4)}\big|_{z=z_0} = -\frac{\pi^5 i}{12}.$$

例 3.3.3 计算 $\oint_C \frac{1}{z^3(z+1)(z-2)}dz$, 其中 $C: |z|=r, r\neq 1, 2$, 正向.

解 当 $0<r<1$ 时, $\frac{1}{(z+1)(z-2)}$ 在 C 内解析, $z_1=0$ 为被积函数在 C 内的奇点, 从而

$$\oint_C \frac{1}{z^3(z+1)(z-2)}\mathrm{d}z = \frac{2\pi}{2!}\left[\frac{1}{(z+1)(z-2)}\right]''\bigg|_{z=0} = -\frac{3}{4}\pi\mathrm{i}.$$

当 $1 < r < 2$ 时，$\frac{1}{z-2}$ 在 C 内解析，$z_1 = 0$, $z_2 = -1$ 为 C 内奇点．设 C_1, C_2 为分别包含 z_1, z_2 的 C 内两条互不相交、互不包含的简单正向闭曲线，那么由复合闭路定理．

$$\oint_C \frac{1}{z^3(z+1)(z-2)}\mathrm{d}z$$
$$= \oint_{C_1} \frac{1}{z^3(z+1)(z-2)}\mathrm{d}z + \oint_{C_2} \frac{1}{z^3(z+1)(z-2)}\mathrm{d}z,$$

其中

$$\oint_{C_1} \frac{1}{z^3(z+1)(z-2)}\mathrm{d}z = -\frac{3}{4}\pi\mathrm{i},$$

$$\oint_{C_2} \frac{1}{z^3(z+1)(z-2)}\mathrm{d}z = 2\pi\mathrm{i}\,\frac{1}{z^3(z-2)}\bigg|_{z=-1} = \frac{2}{3}\pi\mathrm{i},$$

因此

$$\oint_C \frac{1}{z^3(z+1)(z-2)}\mathrm{d}z = -\frac{3}{4}\pi\mathrm{i} + \frac{2}{3}\pi\mathrm{i} = -\frac{\pi\mathrm{i}}{12}.$$

例 3.3.4 设函数 $f(z)$ 在单连通域 B 内连续，且对于 B 内的任意一条简单闭曲线 C 都有 $\oint_C f(z)\mathrm{d}z = 0$，证明 $f(z)$ 是 B 内的解析函数．

证明 设 z_0 为 B 内某定点，令

$$F(z) = \int_{z_0}^{z} f(\zeta)\mathrm{d}\zeta, \quad z \in B,$$

用与定理 3.2.2 的证明过程完全相同的方法，可以证明 $F'(z) = f(z)$．因此 $F(z)$ 为 B 内的解析函数．再由高阶求导公式知，$F'(z)$ 也是解析函数，即 $f(z)$ 是 B 内的解析函数．证毕．

3.4 解析函数与调和函数的关系

3.4.1 调和函数

定义 3.4.1 如果二元实变函数 $\varphi(x,y)$ 在区域 D 内具有二阶连续偏导数，并且满足拉普拉斯（Laplace）方程

$$\frac{\partial^2 \varphi}{\partial x^2} + \frac{\partial^2 \varphi}{\partial y^2} = 0,$$

那么函数 $\varphi(x,y)$ 称为区域 D 内的调和函数．

3.4.2 解析函数与调和函数的关系

定理 3.4.1 区域 D 内的解析函数的实部与虚部，都是 D 内的调和函数.

证明 设 $w = f(z) = u(x,y) + \mathrm{i} v(x,y)$ 是区域 D 内的解析函数，那么

$$\frac{\partial u}{\partial x} = \frac{\partial v}{\partial y}, \quad \frac{\partial u}{\partial y} = -\frac{\partial v}{\partial x},$$

从而

$$\frac{\partial^2 u}{\partial x^2} = \frac{\partial^2 v}{\partial y \partial x}, \quad \frac{\partial^2 u}{\partial y^2} = -\frac{\partial^2 v}{\partial x \partial y},$$

由于 $f(z)$ 具有任意阶导数，因此 $u(x,y)$ 与 $v(x,y)$ 具有任意阶的连续偏导数，所以

$$\frac{\partial^2 v}{\partial x \partial y} = \frac{\partial^2 v}{\partial y \partial x},$$

从而

$$\frac{\partial^2 u}{\partial x^2} + \frac{\partial^2 u}{\partial y^2} = 0;$$

同理

$$\frac{\partial^2 v}{\partial x^2} + \frac{\partial^2 v}{\partial y^2} = 0.$$

这说明 $u(x,y)$ 与 $v(x,y)$ 都是 D 内的调和函数.

定义 3.4.2 设 $u(x,y)$ 为区域 D 内的调和函数，称满足柯西-黎曼条件

$$\frac{\partial u}{\partial x} = \frac{\partial v}{\partial y}, \quad \frac{\partial u}{\partial y} = -\frac{\partial v}{\partial x}$$

的调和函数 $v(x,y)$ 为 $u(x,y)$ 的共轭调和函数.

定理 3.4.1 说明，区域 D 内的解析函数的实部与虚部为共轭调和函数. 由共轭调和函数的这种关系，我们总可以通过其中一个求得另外一个.

例 3.4.1 验证 $u(x,y) = x^3 - 3xy^2$ 是调和函数，并求以 $u(x,y)$ 为实部的解析函数 $f(z)$，满足条件 $f(0) = \mathrm{i}$.

解 由于

$$\frac{\partial u}{\partial x} = 3x^2 - 3y^2, \quad \frac{\partial^2 u}{\partial x^2} = 6x,$$

$$\frac{\partial u}{\partial y} = -6xy, \quad \frac{\partial^2 u}{\partial y^2} = -6x,$$

从而 $\dfrac{\partial^2 u}{\partial x^2} + \dfrac{\partial^2 u}{\partial y^2} = 0$，即 $u(x,y) = x^3 - 3xy^2$ 是调和函数.

由 $\dfrac{\partial v}{\partial y}=\dfrac{\partial u}{\partial x}=3x^2-3y^2$,得

$$v(x,y)=\int(3x^2-3y^2)\mathrm{d}y=3x^2y-y^3+c(x),$$

又 $-\dfrac{\partial v}{\partial x}=\dfrac{\partial u}{\partial y}$,得

$$-[6xy+c'(x)]=-6xy,$$

即 $c'(x)=0$,$c(x)=C$,C 为常数.

因此 $v(x,y)=3x^2y-y^3+C$,那么

$$f(z)=u(x,y)+iv(x,y)=x^3-3xy^2+i(3x^2y-y^3+C),$$

由 $f(0)=i$,得 $C=1$,从而

$$f(z)=x^3-3xy^2+i(3x^2y-y^3+1).$$

这种方法称为偏积分法.

另外,还可以通过不定积分的方法,由已知调和函数直接求得解析函数.

我们知道,解析函数 $f(z)=u+iv$ 的导数 $f'(z)$ 仍为解析函数,并且由式(2.1.4)

$$f'(z)=\dfrac{\partial u}{\partial x}+i\dfrac{\partial v}{\partial x}=\dfrac{\partial u}{\partial x}-i\dfrac{\partial u}{\partial y}=\dfrac{\partial v}{\partial y}+i\dfrac{\partial v}{\partial x}.$$

将 $\dfrac{\partial u}{\partial x}-i\dfrac{\partial u}{\partial y}$ 与 $\dfrac{\partial v}{\partial y}+i\dfrac{\partial v}{\partial x}$ 还原成 z 的函数,记

$$f'(z)=\dfrac{\partial u}{\partial x}-i\dfrac{\partial u}{\partial y}=U(z),\quad f'(z)=\dfrac{\partial v}{\partial y}+i\dfrac{\partial v}{\partial x}=V(z),$$

那么

$$f(z)=\int U(z)\mathrm{d}z \quad 或 \quad f(z)=\int V(z)\mathrm{d}z.$$

如例 3.4.1 中 $u(x,y)=x^3-3xy^2$,$\dfrac{\partial u}{\partial x}=3x^2-3y^2$,$\dfrac{\partial u}{\partial y}=-6xy$,从而

$$\dfrac{\partial u}{\partial x}-i\dfrac{\partial u}{\partial y}=3x^2-3y^2+6xyi=3(x^2+2xyi-y^2)=3(x+iy)^2=3z^2,$$

因此 $f(z)=\int 3z^2\mathrm{d}z=z^3+C$.这种方法称为不定积分法.

习 题 三

A 类

1. 分别沿 $y=x$ 与 $y=x^2$ 计算积分 $\int_0^{1+i}(i-\bar{z})\mathrm{d}z$.

2. 设 $f(z)$ 在单连通域 B 内处处解析,C 为 B 内任一条简单正向闭曲线.问

$$\oint_C \text{Re}[f(z)]\,dz = 0, \quad \oint_C \text{Im}[f(z)]\,dz = 0$$

是否成立？如果成立，给出证明；如果不成立，举例说明．

3. 计算下列积分：

(1) $\int_{-\pi i}^{2\pi i} e^{iz}\,dz$；　　　(2) $\int_{-\pi i}^{\pi i} \sin^2 z\,dz$；

(3) $\int_0^1 z\sin z\,dz$；　　　(4) $\int_0^{\pi i} z\cos z^2\,dz$.

4. 试用观察法得出下列积分的值，并说明依据．其中 C 为正向圆周 $|z|=1$.

(1) $\oint_C \dfrac{dz}{z-2}$；　　　(2) $\oint_C \dfrac{dz}{z^2+2z+4}$；

(3) $\oint_C \dfrac{dz}{\cos z}$；　　　(4) $\oint_C \dfrac{dz}{\left(z-\dfrac{i}{2}\right)(z+2)}$.

5. 沿给定曲线正向计算下列积分：

(1) $\oint_C \dfrac{dz}{z^2-a^2},\ C:|z-a|=a$；

(2) $\oint_C \dfrac{e^{iz}\,dz}{z^2+1},\ C:|z-2i|=\dfrac{3}{2}$；

(3) $\oint_C \dfrac{\cos z}{z^2-4}\,dz,\ C:x^2+y^2=4x$；

(4) $\oint_C \dfrac{1}{(z^2-1)(z^3-1)}\,dz,\ C:|z|=r<1$；

(5) $\oint_C z^3\sin z^2\,dz,\ C:|z|=2$；

(6) $\oint_C \dfrac{1}{(z^2+1)(z^2+4)}\,dz,\ C:|z|=\dfrac{3}{2}$.

6. 计算积分 $\oint_C \dfrac{dz}{z(z^2+1)}$，其中 C 为下列曲线正向：

(1) $|z|=\dfrac{1}{2}$；(2) $|z-i|=\dfrac{3}{2}$；(3) $|z+i|=\dfrac{1}{2}$.

7. 计算积分 $\oint_C \dfrac{\bar{z}}{|z|}\,dz$ 的值，其中 C 为下列曲线正向：

(1) $|z|=\dfrac{1}{2}$；(2) $|z|=4$.

8. 计算下列积分：

(1) $\oint_C \left(\dfrac{4}{z+1}+\dfrac{3}{z+2i}\right)dz,\ C:|z|=4$ 正向；

(2) $\int_{C=C_1+C_2} \dfrac{\cos z}{z^3}\,dz,\ C_1:|z|=2$ 正向，$C_2:|z|=3$ 负向；

(3) $\oint_C \dfrac{dz}{z-i}$，C 为以 $\pm\dfrac{1}{2}$，$\pm\dfrac{6}{5}i$ 为定点的正向菱形；

(4) $\oint_C \dfrac{e^z}{(z^2+1)^2}dz$, $C:|z-i|=1$ 正向；

(5) $\oint_C \dfrac{3z-1}{z^2-2z-3}dz$, $C:|z|=5$；

(6) $\oint_C \dfrac{e^z}{(z-\alpha)^3}dz$, α 为 $|\alpha|\neq 1$ 的任何复数，$C:|z|=1$ 正向.

9. 设 $f(z)$ 在单连通域 B 内处处解析，且不为零. C 为 B 内任何一条简单闭曲线，问积分

$$\oint_C \dfrac{f'(z)}{f(z)}dz$$

是否等于零？为什么？

10. 函数 $u=x+y$ 是 $v=x+y$ 的共轭调和函数吗？为什么？

11. 证明：一对共轭调和函数的乘积仍为调和函数.

B 类

1. 设 C 为不经过 a 与 $-a$ 的简单正向闭曲线，a 为非零复数. 试就 a 与 $-a$ 同 C 的不同位置，计算积分

$$\oint_C \dfrac{z}{z^2-a^2}dz.$$

2. 证明 $u=x^2-y^2$ 和 $v=\dfrac{y}{x^2+y^2}$ 都是调和函数，但 $u+iv$ 不是解析函数.

3. 设 u 为区域 D 上的调和函数，那么 $f=\dfrac{\partial u}{\partial x}-i\dfrac{\partial u}{\partial y}$ 是否为 D 上的解析函数？为什么？

4. 由下列已知调和函数求解析函数 $f(z)=u+iv$：

(1) $u=(x-y)(x^2+4xy+y^2)$；(2) $v=\dfrac{y}{x^2+y^2}$, $f(2)=0$；

(3) $u=2(x-1)y$, $f(2)=-i$；(4) $v=\arctan\dfrac{y}{x}$, $x>0$.

5. 求具有以下形式的所有调和函数 u：

(1) $u=f(ax+by)$, a,b 为不全为零的常数；(2) $u=f\left(\dfrac{y}{x}\right)$.

第 4 章

级数

【学习目标】

1. 理解复数项和复变函数项级数的一些基本概念与性质.
2. 掌握简单幂级数的收敛半径和收敛区域的求法.
3. 掌握泰勒定理与洛朗定理.
4. 熟练掌握如何将解析函数在圆域内展开成泰勒级数及将解析函数在指定圆环域内展开成洛朗级数的方法.

4.1 复数项级数

4.1.1 复数项数列

定义 4.1.1 设 $\{\alpha_n\}$ $(n=1,2,\cdots)$ 为一复数列,其中 $\alpha_n = a_n + \mathrm{i}b_n$,又设 $\alpha = a + \mathrm{i}b$ 为一确定的复数. 如果对于任意给定的 $\varepsilon > 0$,相应地总能找到一个正数 $N(\varepsilon)$,使得当 $n > N(\varepsilon)$ 时,不等式 $|\alpha_n - \alpha| < \varepsilon$ 成立,则称 α 为复数列 $\{\alpha_n\}$ 当 $n \to \infty$ 时的极限,记作 $\lim\limits_{n \to \infty} \alpha_n = \alpha$,也称复数列 $\{\alpha_n\}$ 收敛于 α. 如果复数列 $\{\alpha_n\}$ 不收敛,则称复数列 $\{\alpha_n\}$ 发散.

定理 4.1.1 复数列 $\{\alpha_n\} = \{a_n + \mathrm{i}b_n\}$ $(n=1,2,\cdots)$ 收敛于 $\alpha = a + \mathrm{i}b$ 的充要条件是 $\lim\limits_{n \to \infty} a_n = a$,$\lim\limits_{n \to \infty} b_n = b$.

证明 必要性

因为 $\lim\limits_{n \to \infty} \alpha_n = \alpha$,那么对于任意给定的 $\varepsilon > 0$,总能找到一个正数 N,当 $n > N$ 时,有 $|\alpha_n - \alpha| < \varepsilon$,即 $|(a_n + \mathrm{i}b_n) - (a + \mathrm{i}b)| < \varepsilon$,从而有
$$|a_n - a| \leqslant |(a_n + \mathrm{i}b_n) - (a + \mathrm{i}b)| < \varepsilon$$
所以 $\lim\limits_{n \to \infty} a_n = a$;同理 $\lim\limits_{n \to \infty} b_n = b.$

充分性

因为 $\lim\limits_{n \to \infty} a_n = a$,$\lim\limits_{n \to \infty} b_n = b$,则当 $n > N$ 时,

有 $|a_n - a| \leqslant \dfrac{\varepsilon}{2}$,$|b_n - b| < \dfrac{\varepsilon}{2}$,

从而有 $|\alpha_n - \alpha| = |(a_n + \mathrm{i}b_n) - (a + \mathrm{i}b)| \leqslant |a_n - a| + |b_n - b| < \varepsilon.$
所以 $\lim\limits_{n \to \infty} \alpha_n = \alpha.$ 证毕.

注 由于 $\{\alpha_n\}$ 收敛等价于两个实数列 $\{a_n\}$ 与 $\{b_n\}$ 都收敛，所以判别复数列 $\{\alpha_n\}$ 的敛散性问题，可以转化为判别两个实数列 $\{a_n\}$ 与 $\{b_n\}$ 的敛散性问题. 关于两个实数列相应项之和、差、积、商所成数列的极限的结果，可推广到复数列.

4.1.2 复数项级数

定义 4.1.2 设 $\{\alpha_n\}$ $(n = 1, 2, \cdots)$ 为一复数列，
$$\sum_{n=1}^{\infty} \alpha_n = \alpha_1 + \alpha_2 + \cdots + \alpha_n + \cdots$$
称为复数项无穷级数，其最前面 n 项的和 $S_n = \alpha_1 + \alpha_2 + \cdots + \alpha_n$ 称为级数的部分和. 如果部分和数列 $\{S_n\}$ 收敛，则称级数 $\sum\limits_{n=1}^{\infty} \alpha_n$ 收敛，并且 $\lim\limits_{n \to \infty} S_n = S$ 为级数的和. 如果部分和数列 $\{S_n\}$ 发散，则称级数 $\sum\limits_{n=1}^{\infty} \alpha_n$ 发散.

定理 4.1.2 级数 $\sum\limits_{n=1}^{\infty} \alpha_n$ 收敛的充要条件是级数 $\sum\limits_{n=1}^{\infty} a_n$ 和 $\sum\limits_{n=1}^{\infty} b_n$ 都收敛⊖，且有 $\sum\limits_{n=1}^{\infty} \alpha_n = \sum\limits_{n=1}^{\infty} a_n + \mathrm{i} \sum\limits_{n=1}^{\infty} b_n.$

证明 $S_n = \sum\limits_{k=1}^{n} \alpha_k = \sum\limits_{k=1}^{n} a_k + \mathrm{i} \sum\limits_{k=1}^{n} b_k = \sigma_n + \mathrm{i} \tau_n,$

其中 $\sigma_n = \sum\limits_{k=1}^{n} a_k$, $\tau_n = \sum\limits_{k=1}^{n} b_k$ 分别为 $\sum\limits_{n=1}^{\infty} a_n$ 与 $\sum\limits_{n=1}^{\infty} b_n$ 的部分和. 判别数列 $\{S_n\}$ 的极限的存在性等价于判别数列 $\{\sigma_n\}$, $\{\tau_n\}$ 的极限的存在性，由定理 4.1.1 即可证得.

此定理说明判别复数项级数 $\sum\limits_{n=1}^{\infty} \alpha_n$ 的敛散性问题，可以转化为判别两个实数项级数 $\sum\limits_{n=1}^{\infty} a_n$ 与 $\sum\limits_{n=1}^{\infty} b_n$ 的敛散性问题.

⊖ （常数项）无穷级数收敛：如果给定一个数列 $u_1, u_2, \cdots, u_n, \cdots$，则 $\sum\limits_{n=1}^{\infty} u_n = u_1 + u_2 + \cdots + u_n + \cdots$ 称为常数项无穷级数，简称级数. 设 $s_n = u_1 + u_2 + \cdots + u_n$ 为该级数的前 n 项和，则 s_n 称为该级数的部分和. 如果级数 $\sum\limits_{n=1}^{\infty} u_n$ 的部分和数列 $\{s_n\}$ 有极限 s，即 $\lim\limits_{n \to \infty} s_n = s$，则称无穷级数 $\sum\limits_{n=1}^{\infty} u_n$ 收敛；如果 $\{s_n\}$ 没有极限，则称该级数发散.

定理4.1.3 级数 $\sum_{n=1}^{\infty}\alpha_n$ 收敛的必要条件是 $\lim_{n\to\infty}\alpha_n = \lim_{n\to\infty}(a_n + ib_n) = 0$.

证明 因为级数 $\sum_{n=1}^{\infty}\alpha_n$ 收敛，由定理4.1.2可知 $\sum_{n=1}^{\infty}a_n$，$\sum_{n=1}^{\infty}b_n$ 均收敛.

又由实数项级数 $\sum_{n=1}^{\infty}a_n$ 与 $\sum_{n=1}^{\infty}b_n$ 收敛的必要条件⊖可知 $\lim_{n\to\infty}a_n = 0$，$\lim_{n\to\infty}b_n = 0$，从而 $\lim_{n\to\infty}\alpha_n = 0$.

定理4.1.4 如果 $\sum_{n=1}^{\infty}|\alpha_n|$ 收敛，那么 $\sum_{n=1}^{\infty}\alpha_n$ 也收敛，且不等式 $\left|\sum_{n=1}^{\infty}\alpha_n\right| \leq \sum_{n=1}^{\infty}|\alpha_n|$ 成立.

证明 因为 $\sum_{n=1}^{\infty}|\alpha_n| = \sum_{n=1}^{\infty}\sqrt{a_n^2 + b_n^2}$，而 $|a_n| \leq \sqrt{a_n^2 + b_n^2}$，$|b_n| \leq \sqrt{a_n^2 + b_n^2}$，根据实数项级数的比较判别法⊖，级数 $\sum_{n=1}^{\infty}|a_n|$，$\sum_{n=1}^{\infty}|b_n|$ 都收敛.

由定理4.1.2，可知 $\sum_{n=1}^{\infty}\alpha_n$ 收敛.

又由于对于级数 $\sum_{n=1}^{\infty}\alpha_n$ 与 $\sum_{n=1}^{\infty}|\alpha_n|$ 部分和成立的不等式 $\left|\sum_{k=1}^{n}\alpha_k\right| \leq \sum_{k=1}^{n}|\alpha_k|$，所以两边同时取极限，有 $\lim_{n\to\infty}\left|\sum_{k=1}^{n}\alpha_k\right| \leq \lim_{n\to\infty}\sum_{k=1}^{n}|\alpha_k|$，即 $\left|\sum_{k=1}^{\infty}\alpha_k\right| \leq \sum_{k=1}^{\infty}|\alpha_k|$ 成立.

定义4.1.3 如果级数 $\sum_{n=1}^{\infty}|\alpha_n|$ 收敛，那么称级数 $\sum_{n=1}^{\infty}\alpha_n$ 为绝对收敛，非绝对收敛的收敛级数称为条件收敛级数.

由于 $|\alpha_n| \leq |a_n| + |b_n|$，所以当级数 $\sum_{n=1}^{\infty}a_n$ 和 $\sum_{n=1}^{\infty}b_n$ 都绝对

⊖ 级数收敛的必要条件：如果实数项级数 $\sum_{n=1}^{\infty}u_n$ 收敛，则它的一般项 u_n 趋于零，即
$$\lim_{n\to\infty}u_n = 0$$

⊖ 比较审敛法：设 $\sum_{n=1}^{\infty}u_n$ 和 $\sum_{n=1}^{\infty}v_n$ 都是正项级数，且 $u_n \leq v_n (n=1,2,\cdots)$. 若 $\sum_{n=1}^{\infty}v_n$ 收敛，则 $\sum_{n=1}^{\infty}u_n$ 收敛；反之，若 $\sum_{n=1}^{\infty}u_n$ 发散，则 $\sum_{n=1}^{\infty}v_n$ 发散.

收敛[⊖]时，级数 $\sum_{n=1}^{\infty}\alpha_n$ 也绝对收敛，同时又由于 $|a_n|\leqslant|\alpha_n|$，$|b_n|\leqslant|\alpha_n|$，所以当级数 $\sum_{n=1}^{\infty}\alpha_n$ 绝对收敛时，级数 $\sum_{n=1}^{\infty}a_n$ 与 $\sum_{n=1}^{\infty}b_n$ 也绝对收敛，即有：

推论 4.1.1 $\sum_{n=1}^{\infty}\alpha_n$ 绝对收敛的充要条件是级数 $\sum_{n=1}^{\infty}a_n$ 与 $\sum_{n=1}^{\infty}b_n$ 也绝对收敛.

注 因为 $\sum_{n=1}^{\infty}|\alpha_n|$ 的各项都是非负的实数，所以它的收敛性可用正项级数的判别法来判定.

例 4.1.1 下列数列是否收敛？如果收敛，求出其极限.

(1) $\alpha_n=\left(1+\dfrac{1}{n}\right)\mathrm{e}^{\mathrm{i}\frac{\pi}{n}}$； (2) $\alpha_n=(-1)^n+\dfrac{\mathrm{i}}{1+n^2}$.

解 (1) $\alpha_n=\left(1+\dfrac{1}{n}\right)\mathrm{e}^{\mathrm{i}\frac{\pi}{n}}=\left(1+\dfrac{1}{n}\right)\left(\cos\dfrac{\pi}{n}+\mathrm{i}\sin\dfrac{\pi}{n}\right)$，

则 $a_n=\left(1+\dfrac{1}{n}\right)\cos\dfrac{\pi}{n}$，$b_n=\left(1+\dfrac{1}{n}\right)\sin\dfrac{\pi}{n}$.

而 $\lim\limits_{n\to\infty}a_n=1$，$\lim\limits_{n\to\infty}b_n=0$，所以数列 $\{\alpha_n\}$ 收敛，且有 $\lim\limits_{n\to\infty}\alpha_n=1$.

(2) $\alpha_n=(-1)^n+\dfrac{\mathrm{i}}{1+n^2}$，则 $a_n=(-1)^n$，$b_n=\dfrac{1}{1+n^2}$.

而数列 $\{a_n\}$ 发散，$\lim\limits_{n\to\infty}b_n=0$，所以数列 $\{\alpha_n\}$ 发散.

例 4.1.2 下列级数是否收敛？是否绝对收敛？

(1) $\sum\limits_{n=1}^{\infty}\dfrac{1}{n}\left(1+\dfrac{\mathrm{i}}{n}\right)$； (2) $\sum\limits_{n=0}^{\infty}\dfrac{(4\mathrm{i})^n}{n!}$；

(3) $\sum\limits_{n=1}^{\infty}\dfrac{\mathrm{i}^n}{n}$； (4) $\sum\limits_{n=1}^{\infty}\left[\dfrac{(-1)^n}{n}+\dfrac{1}{2^n}\mathrm{i}\right]$.

解 (1) 因 $\sum\limits_{n=1}^{\infty}a_n=\sum\limits_{n=1}^{\infty}\dfrac{1}{n}$[⊖]发散，$\sum\limits_{n=1}^{\infty}b_n=\sum\limits_{n=1}^{\infty}\dfrac{1}{n^2}$[⊜]收敛，

⊖ 常数项级数绝对收敛：如果级数 $\sum\limits_{n=1}^{\infty}u_n$ 各项的绝对值所构成的正项级数 $\sum\limits_{n=1}^{\infty}|u_n|$ 收敛，则称级数 $\sum\limits_{n=1}^{\infty}u_n$ 绝对收敛；如果 $\sum\limits_{n=1}^{\infty}u_n$ 收敛，而 $\sum\limits_{n=1}^{\infty}|u_n|$ 发散，则称 $\sum\limits_{n=1}^{\infty}u_n$ 条件收敛.

⊖ $\sum\limits_{n=1}^{\infty}\dfrac{1}{n}$ 为调和级数，该级数发散.

⊜ $\sum\limits_{n=1}^{\infty}\dfrac{1}{n^p}$ 为 p 级数，该级数当 $p>1$ 时收敛，当 $p\leqslant 1$ 时发散.

复变函数与积分变换

故原级数发散.

(2) 因 $\left|\dfrac{(4\mathrm{i})^n}{n!}\right| = \dfrac{4^n}{n!}$，由正项级数的比值审敛法[⊖]知 $\sum\limits_{n=0}^{\infty}\dfrac{4^n}{n!}$ 收敛，故原级数收敛，且为绝对收敛.

(3) 因 $\sum\limits_{n=1}^{\infty}\dfrac{\mathrm{i}^n}{n} = -\left(\dfrac{1}{2} - \dfrac{1}{4} + \dfrac{1}{6} - \dfrac{1}{8} + \cdots\right) + \mathrm{i}\left(1 - \dfrac{1}{3} + \dfrac{1}{5} - \dfrac{1}{7} + \cdots\right)$ 的实部虚部的两级数都收敛，故级数 $\sum\limits_{n=1}^{\infty}\dfrac{\mathrm{i}^n}{n}$ 收敛，但因 $\sum\limits_{n=1}^{\infty}\left|\dfrac{\mathrm{i}^n}{n}\right| = \sum\limits_{n=1}^{\infty}\dfrac{1}{n}$ 发散，故级数 $\sum\limits_{n=1}^{\infty}\dfrac{\mathrm{i}^n}{n}$ 条件收敛.

(4) 因 $\sum\limits_{n=1}^{\infty}\dfrac{(-1)^n}{n}$ [⊖]收敛，$\sum\limits_{n=1}^{\infty}\dfrac{1}{2^n}$ 也收敛，故原级数收敛. 但因 $\sum\limits_{n=1}^{\infty}\left|\dfrac{(-1)^n}{n}\right| = \sum\limits_{n=1}^{\infty}\dfrac{1}{n}$ 发散，故级数 $\sum\limits_{n=1}^{\infty}\dfrac{(-1)^n}{n}$ 为条件收敛，所以原级数非绝对收敛.

4.2 幂级数

4.2.1 复变函数项级数

定义 4.2.1 设 $\{f_n(z)\}\,(n=1,2,\cdots)$ 为一复变函数序列，其各项在区域 D 内有定义，则称

$$\sum_{n=1}^{\infty} f_n(z) = f_1(z) + f_2(z) + \cdots + f_n(z) + \cdots \quad (4.2.1)$$

为区域 D 内的复变函数项级数，记作 $\sum\limits_{n=1}^{\infty} f_n(z)$. 该级数前 n 项的和

$$S_n(z) = f_1(z) + f_2(z) + \cdots + f_n(z)$$

称为级数的部分和.

⊖ 比值审敛法：设 $\sum\limits_{n=1}^{\infty} u_n$ 为正项级数，如果 $\lim\limits_{n\to\infty}\dfrac{u_{n+1}}{u_n} = \rho$，则当 $\rho < 1$ 时级数收敛；$\rho > 1$（或 $\lim\limits_{n\to\infty}\dfrac{u_{n+1}}{u_n} = \infty$）时级数发散；$\rho = 1$ 时级数可能收敛也可能发散.

⊖ 交错级数：各项是正负交错的级数，可写为 $u_1 - u_2 + u_3 - u_4 + \cdots$ 或 $-u_1 + u_2 - u_3 + u_4 - \cdots$ 其中 $u_1, u_2, \cdots$ 都是正数.

莱布尼茨定理：如果交错级数 $\sum\limits_{n=1}^{\infty}(-1)^{n-1} u_n$ 满足条件：(1) $u_n \geqslant u_{n+1}\,(n=1,2,3\cdots)$，(2) $\lim\limits_{n\to\infty} u_n = 0$，则级数收敛，且其和 $s \leqslant u_1$，其余项 r_n 的绝对值 $|r_n| \leqslant u_{n+1}$.

设 z_0 为区域 D 内的一点,如果 $\lim\limits_{n\to\infty} S_n(z_0) = S(z_0)$ 存在,则称复变函数项级数 (4.2.1) 在 z_0 收敛,而 $S(z_0)$ 称为它的和,如果级数在 D 内处处收敛,那么它的和一定是 z 的一个函数 $S(z)$:

$$S(z) = f_1(z) + f_2(z) + \cdots + f_n(z) + \cdots,$$

$S(z)$ 称为级数 $\sum\limits_{n=1}^{\infty} f_n(z)$ 的和函数.

下面我们主要研究经常用到的复变函数项级数的简单情形——幂级数,它与解析函数有着密切的关系.

4.2.2 幂级数

定义 4.2.2 当 $f_n(z) = C_n(z-a)^n$ 或 $f_n(z) = C_n z^n$ 时,就得到了函数项级数的特殊情形

$$\sum_{n=0}^{\infty} C_n(z-a)^n = C_0 + C_1(z-a) + C_2(z-a)^2 + \cdots + C_n(z-a)^n + \cdots \tag{4.2.2}$$

或

$$\sum_{n=0}^{\infty} C_n z^n = C_0 + C_1 z + C_2 z^2 + \cdots + C_n z^n + \cdots. \tag{4.2.3}$$

以上形式的级数称为幂级数,其中 $C_n(n=0,1,2,\cdots)$ 及 a 均为复常数.

如果令 $z-a=\xi$,那么式 (4.2.2) 成为 $\sum\limits_{n=0}^{\infty} C_n \xi^n$,为式 (4.2.3) 的形式,所以为了方便,今后常用式 (4.2.3) 的形式来讨论幂级数的性质.

下面我们讨论幂级数的收敛区域.和实变函数项幂级数一样,也有下面的阿贝尔 (Abel) 定理讨论复变函数项幂级数的收敛性质.

定理 4.2.1 如果幂级数 $\sum\limits_{n=0}^{\infty} C_n z^n$ 在 $z=z_0(z_0 \neq 0)$ 收敛,那么对满足 $|z| < |z_0|$ 的 z,级数必绝对收敛.如果在 $z=z_0$ 级数发散,那么对于满足 $|z| > |z_0|$ 的 z,级数必发散.

证明 由于级数 $\sum\limits_{n=0}^{\infty} C_n z_0^n$ 收敛,根据收敛的必要条件,有 $\lim\limits_{n\to\infty} C_n z_0^n = 0$,存在正数 M,使对所有的 n,有 $|C_n z_0^n| < M$.

如果 $|z| < |z_0|$,那么 $\left|\dfrac{z}{z_0}\right| = q < 1$,而

$$|C_n z^n| = |C_n z_0^n| \cdot \left|\dfrac{z}{z_0}\right|^n < Mq^n.$$

由于 $\sum_{n=0}^{\infty} Mq^n$ 为公比小于 1 的等比级数，故此级数收敛，从而根据正项级数的比较审敛法知，级数

$$\sum_{n=0}^{\infty} |C_n z^n| = |C_0| + |C_1 z| + |C_2 z^2| + \cdots + |C_n z^n| + \cdots$$

收敛，从而级数 $\sum_{n=0}^{\infty} C_n z^n$ 绝对收敛．

定理结论的另一部分，利用反证法可以得到．

反证法 设 z_1 为满足 $|z_1| > |z_0|$ 的任一点，若在 z_1 处级数 $\sum_{n=0}^{\infty} C_n z^n$ 收敛，则由阿贝尔定理知 $\sum_{n=0}^{\infty} C_n z^n$ 在 $|z| < |z_1|$ 内绝对收敛，又由于 $|z_1| > |z_0|$，所以 $\sum_{n=0}^{\infty} C_n z^n$ 在 z_0 绝对收敛，这与题设矛盾，所以假设不成立．

阿贝尔定理的几何意义：如果幂级数 $\sum_{n=0}^{\infty} C_n z^n$ 在点 $z_0 (z_0 \neq 0)$ 收敛，那么该幂级数在以原点为圆心，以 $|z_0|$ 为半径的圆周内部的任一点 z 也一定收敛且为绝对收敛．至于在圆周 $|z| = |z_0|$ 上及其外部的收敛性，除点 z_0 以外，需另行判定．如果幂级数 $\sum_{n=0}^{\infty} C_n z^n$ 在点 z_0 发散，那么该幂级数在以原点为圆心，以 $|z_0|$ 为半径的圆周外部的任一点 z 也一定发散．而在圆周 $|z| = |z_0|$ 上或其内部的敛散性，除点 z_0 以外，也需另行讨论．

4.2.3 收敛半径与收敛圆

利用阿贝尔定理，可以定出幂级数的收敛范围，一个幂级数的收敛性，可能有以下三种情况：

第一种：对所有的正实数都是收敛的．由阿贝尔定理可知，级数在复平面上处处绝对收敛．

第二种：对所有的正实数除 $z = 0$ 外都是发散的．这时，级数在复平面内除原点外处处发散．

第三种：既存在使级数收敛的正实数，又存在使级数发散的正实数（如图 4.2.1）．设 $z = \alpha$（α 为正实数）时，级数收敛；$z = \beta$（β 为正实数）时，级数发散．那么由阿贝尔定理知，当 $|z| < \alpha$ 时，级数绝对收敛；当 $|z| > \beta$ 时，级数发散．显然 $\alpha < \beta$. 可以证明，必存在正实数 R，使 $|z| < R$ 时，级数绝对收敛；$|z| > R$ 时，级数发散．

R 称为此幂级数的收敛半径；圆周 $|z| = R$ 称为收敛圆．

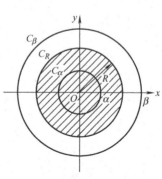

图 4.2.1

对于第一种情形规定 $R = \infty$；对于第二种情形规定 $R = 0$，并且称它们为幂级数的收敛半径.

注 若式(4.2.2)收敛半径为 R，则收敛圆为 $|z - z_0| = R$；若式(4.2.3)收敛半径为 R，则收敛圆为 $|z| = R$.

例 4.2.1 求幂级数 $\sum\limits_{n=0}^{\infty} z^n = 1 + z + z^2 + \cdots + z^n + \cdots$ 的收敛范围与和函数.

解 级数的部分和为 $s_n = 1 + z + z^2 + \cdots + z^{n-1} = \dfrac{1 - z^n}{1 - z}$，$z \neq 1$.

当 $|z| < 1$ 时，由于 $\lim\limits_{n \to \infty} z^n = 0$，从而有 $\lim\limits_{n \to \infty} s_n = \dfrac{1}{1 - z}$，即 $|z| < 1$ 时，级数 $\sum\limits_{n=0}^{\infty} z^n$ 收敛.

当 $|z| \geq 1$ 时，由于通项不趋向于零⊖，故 $|z| \geq 1$ 时级数发散.

综上，幂级数的收敛半径为 $R = 1$，和函数为 $\dfrac{1}{1 - z}$.

4.2.4 收敛半径的求法

关于幂级数(4.2.3)的收敛半径的求法（证明从略），与高等数学中幂级数的半径求法类似，也有类似定理.

定理 4.2.2（比值法） 如果 $\lim\limits_{n \to \infty} \left| \dfrac{C_{n+1}}{C_n} \right| = \lambda$，那么

(1) 当极限存在且 $\lambda \neq 0$ 时，收敛半径 $R = \dfrac{1}{\lambda}$；

(2) 当 $\lambda = 0$ 时，收敛半径 $R = +\infty$；

(3) 当 $\lambda = +\infty$ 时，收敛半径 $R = 0$.

定理 4.2.3（根值法） 如果 $\lim\limits_{n \to \infty} \sqrt[n]{|C_n|} = \lambda$，那么

(1) 当极限存在且 $\lambda \neq 0$ 时，收敛半径 $R = \dfrac{1}{\lambda}$；

(2) 当 $\lambda = 0$ 时，收敛半径 $R = +\infty$；

(3) 当 $\lambda = +\infty$ 时，收敛半径 $R = 0$.

例 4.2.2 求下列幂级数的收敛半径：

(1) $\sum\limits_{n=1}^{\infty} \dfrac{z^n}{n^3}$ （并讨论在收敛圆周上的情形）；

(2) $\sum\limits_{n=1}^{\infty} \dfrac{(-1)^n z^n}{n!}$；

(3) $\sum\limits_{n=1}^{\infty} \dfrac{(z - 1)^n}{n}$ （并讨论 $z = 0, 2$ 时的情形）.

⊖ 见本章习题第 5 题.

解 (1) 因为 $\lim\limits_{n\to\infty}\left|\dfrac{C_{n+1}}{C_n}\right|=\lim\limits_{n\to\infty}\left(\dfrac{n}{n+1}\right)^3=1$ 或 $\lim\limits_{n\to\infty}\sqrt[n]{|C_n|}=\lim\limits_{n\to\infty}\sqrt[n]{\dfrac{1}{n^3}}=\lim\limits_{n\to\infty}\dfrac{1}{\sqrt[n]{n^3}}=1$，所以收敛半径 $R=1$，收敛圆 $|z|=1$，级数在圆 $|z|=1$ 内收敛，在圆外发散.

在圆周 $|z|=1$ 上，级数 $\sum\limits_{n=1}^{\infty}\left|\dfrac{z^n}{n^3}\right|=\sum\limits_{n=1}^{\infty}\dfrac{1}{n^3}$ 为 p 级数，$p=3>1$，为收敛级数，所以原级数在收敛圆上是处处收敛的.

(2) 因为 $\lim\limits_{n\to\infty}\left|\dfrac{C_{n+1}}{C_n}\right|=\lim\limits_{n\to\infty}\dfrac{n!}{(n+1)!}=0$，所以收敛半径 $R=+\infty$.

(3) 因为 $\lim\limits_{n\to\infty}\left|\dfrac{C_{n+1}}{C_n}\right|=\lim\limits_{n\to\infty}\dfrac{n}{n+1}=1$，所以收敛半径 $R=1$，收敛圆 $|z-1|=1$，

$z=0$ 时，原级数成为 $\sum\limits_{n=1}^{\infty}\dfrac{(-1)^n}{n}$，为交错级数，由莱布尼茨准则，级数收敛.

$z=2$ 时，原级数成为 $\sum\limits_{n=1}^{\infty}\dfrac{1}{n}$，为调和级数，级数发散.

4.2.5 幂级数的运算和性质

与实变幂级数一样，复变幂级数也能进行加、减、乘等运算. 设

$$f(z)=\sum_{n=0}^{\infty}a_n z^n,|z|<R_1;\ g(z)=\sum_{n=0}^{\infty}b_n z^n,|z|<R_2,$$

则在 $|z|<\min(R_1,R_2)$ 内，两个幂级数可以像多项式那样进行相加、相减、相乘，所得的幂级数的和函数分别是 $f(z)$ 与 $g(z)$ 的和、差、积.

特别要指出的是，代换（复合）运算在把函数展开成幂级数时，有着广泛应用. 这点可以通过下面的例题举例说明.

例 4.2.3 把函数 $\dfrac{1}{z-b}$ 表成形如 $\sum\limits_{n=0}^{\infty}C_n(z-a)^n$ 的幂级数，其中 a 与 b 是不相等的复常数.

解 $\dfrac{1}{z-b}=\dfrac{1}{(z-a)-(b-a)}=-\dfrac{1}{b-a}\cdot\dfrac{1}{1-\dfrac{z-a}{b-a}}.$

当 $\left|\dfrac{z-a}{b-a}\right|<1$ 时，有

$$\dfrac{1}{1-\dfrac{z-a}{b-a}}=1+\left(\dfrac{z-a}{b-a}\right)+\left(\dfrac{z-a}{b-a}\right)^2+\cdots+\left(\dfrac{z-a}{b-a}\right)^n+\cdots,$$

从而

$$\frac{1}{z-b} = -\frac{1}{b-a} - \frac{1}{(b-a)^2}(z-a) - \frac{1}{(b-a)^3}(z-a)^2 - \cdots -$$

$$\frac{1}{(b-a)^{n+1}}(z-a)^n - \cdots$$

$$= \sum_{n=0}^{\infty} \frac{-1}{(b-a)^{n+1}}(z-a)^n, \quad (4.2.4)$$

上式成立的条件为 $\left|\dfrac{z-a}{b-a}\right| < 1$.

设 $R = |b-a|$,则 $|z-a| < |b-a| = R$ 时,式(4.2.4)右端的级数收敛,其和函数为 $\dfrac{1}{z-b}$. 当 $z = b$ 时,观察得知式(4.2.4)右端的级数发散,由阿贝尔定理可知,当 $|z-a| > |b-a| = R$ 时,级数发散,即此级数的收敛半径为 $R = |b-a|$.

通过此解题过程我们可知,首先要把函数作代数变形,将其写成 $\dfrac{1}{1-g(z)}$,其中 $g(z) = \dfrac{z-a}{b-a}$,然后把当 $|z| < 1$ 时,$\dfrac{1}{1-z}$ 展开式中的 z 换成 $g(z)$.

复变幂级数也和实变幂级数一样,在它的收敛圆的内部有如下的性质:

定理 4.2.4 设幂级数 $\sum\limits_{n=0}^{\infty} C_n (z-z_0)^n$ 的收敛半径为 R,那么

(1) 它的和函数 $f(z)$ 在收敛圆 $|z-z_0| < R$ 内是解析函数;

(2) 和函数 $f(z)$ 在收敛圆内可以逐项求导,即 $f'(z) = \sum\limits_{n=0}^{\infty} nC_n (z-z_0)^{n-1}$;

(3) 和函数 $f(z)$ 在收敛圆内可以逐项积分,即

$$\int_c f(z)\mathrm{d}z = \sum_{n=0}^{\infty} C_n \int_c (z-z_0)^n \mathrm{d}z, \quad c \in |z-z_0| < R,$$

$$\text{或} \int_{z_0}^{z} f(\zeta)\mathrm{d}\zeta = \sum_{n=0}^{\infty} \frac{C_n}{n+1}(z-z_0)^{n+1}.$$

注 以上和函数求导与积分可进行任意次.

4.3 泰勒级数

在上一节中,我们已经知道一个幂级数的和函数在它的收敛圆的内部是一个解析函数. 现在我们来研究与此相反的问题,就是:任何一个解析函数是否能用幂级数来表达?这个问题不但具有理论意义,而且很有实用价值.

定理 4.3.1（泰勒定理） 设 $f(z)$ 在区域 D 内解析，z_0 为 D 内的一点，d 为 z_0 到 D 的边界上各点的最短距离，那么当 $|z-z_0|<d$ 时，

$$f(z) = \sum_{n=0}^{\infty} C_n (z-z_0)^n \qquad (4.3.1)$$

成立，其中 $C_n = \dfrac{1}{n!} f^{(n)}(z_0)$，$n=1,2,\cdots$.

证明 设函数 $f(z)$ 在区域 D 内解析，$|\zeta-z_0|=r$ 为 D 内以 z_0 为圆心的任意圆周，且 $|\zeta-z_0|\leq r$ 全包含于 D 中。圆周记为 K（取正方向）. z 为 K 内任意一点（如图 4.3.1 所示）.

由柯西积分公式，有 $f(z) = \dfrac{1}{2\pi i}\oint_k \dfrac{f(\zeta)}{\zeta-z}\mathrm{d}\zeta$.

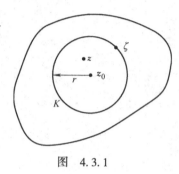

图 4.3.1

因为积分变量 ζ 在圆周 K 上，而 z 在圆周 K 内部，故 $\left|\dfrac{z-z_0}{\zeta-z_0}\right|<1$.

从而 $\dfrac{1}{\zeta-z} = \dfrac{1}{\zeta-z_0} \cdot \dfrac{1}{1-\dfrac{z-z_0}{\zeta-z_0}}$

$$= \dfrac{1}{\zeta-z_0}\left[1+\left(\dfrac{z-z_0}{\zeta-z_0}\right)+\left(\dfrac{z-z_0}{\zeta-z_0}\right)^2+\cdots+\left(\dfrac{z-z_0}{\zeta-z_0}\right)^n+\cdots\right]$$

$$= \sum_{n=0}^{\infty} \dfrac{1}{(\zeta-z_0)^{n+1}}(z-z_0)^n,$$

从而

$$f(z) = \sum_{n=0}^{\infty} \dfrac{1}{2\pi i}\oint_k \dfrac{f(\zeta)}{(\zeta-z_0)^{n+1}}(z-z_0)^n \mathrm{d}\zeta$$

$$= \sum_{n=0}^{N-1} \dfrac{1}{2\pi i}\oint_k \dfrac{f(\zeta)}{(\zeta-z_0)^{n+1}}(z-z_0)^n \mathrm{d}\zeta +$$

$$\dfrac{1}{2\pi i}\oint_k \left[\sum_{n=N}^{\infty} \dfrac{f(\zeta)}{(\zeta-z_0)^{n+1}}(z-z_0)^n\right]\mathrm{d}\zeta.$$

由高阶导数公式，上式又可以写成

$$f(z) = \sum_{n=0}^{N-1} \dfrac{f^{(n)}(z_0)}{n!}(z-z_0)^n + R_N(z),$$

其中 $R_N(z) = \dfrac{1}{2\pi i}\oint_k \left[\sum_{n=N}^{\infty} \dfrac{f(\zeta)}{(\zeta-z_0)^{n+1}}(z-z_0)^n\right]\mathrm{d}\zeta.$

令 $\left|\dfrac{z-z_0}{\zeta-z_0}\right| = \dfrac{|z-z_0|}{r} = q$，$q$ 与积分变量 ζ 无关，且 $0\leq q<1$，$f(z)$ 在 D 内解析，则 $f(\zeta)$ 在 K 上连续，则 $f(\zeta)$ 在 K 上有界，即存在一个正常数 M，使在 K 上有 $|f(\zeta)|\leq M$，从而，由估值不

等式有

$$|R_N(z)| \leq \frac{1}{2\pi}\oint_k \left|\sum_{n=N}^{\infty}\frac{f(\zeta)}{(\zeta-z_0)^{n+1}}(z-z_0)^n\right|ds$$

$$\leq \frac{1}{2\pi}\oint_k \sum_{n=N}^{\infty}\left[\frac{|f(\zeta)|}{|\zeta-z_0|}\left|\frac{z-z_0}{\zeta-z_0}\right|^n\right]ds$$

$$\leq \frac{1}{2\pi}\cdot\sum_{n=N}^{\infty}\frac{M}{r}q^n\cdot 2\pi r = \frac{Mq^N}{1-q}.$$

由于 $\lim_{N\to\infty}q^N=0$ 在 K 内成立,所以 $\lim_{N\to\infty}R_N(z)=0$ 在 K 内成立. 从而在 K 内有

$$f(z)=\sum_{n=0}^{\infty}\frac{f^{(n)}(z_0)}{n!}(z-z_0)^n.$$

这里,圆周 K 的半径可以任意增大,只要 K 在 D 内. 如果 z_0 到 D 的边界上各点的最短距离为 d,那么上述 $f(z)$ 在点 z_0 的展开式在 $|z-z_0|<d$ 内部成立. 同时,满足 $|z-z_0|<d$ 的 z 也必能使式(4.3.1) 成立,即 $f(z)=\sum_{n=0}^{\infty}\frac{f^{(n)}(z_0)}{n!}(z-z_0)^n$ 成立.

式(4.3.1) 称为函数 $f(z)$ 在 z_0 的泰勒展开式,式(4.3.1) 右端的级数称为函数 $f(z)$ 在 z_0 的泰勒级数,C_n 称为函数 $f(z)$ 在 z_0 的泰勒系数.

当 $z_0=0$ 时,式(4.3.1) 变为

$$f(z)=\sum_{n=0}^{\infty}\frac{f^{(n)}(0)}{n!}z^n$$

$$=f(0)+f'(0)z+\frac{f''(0)}{2!}z^2+\cdots+\frac{f^{(n)}(0)}{n!}z^n+\cdots,$$

称为麦克劳林级数.

说明 (1) 函数 $f(z)$ 在区域 $|z-z_0|<d$ 内解析,级数 $\sum_{n=0}^{\infty}C_n(z-z_0)^n$ 在区域 $|z-z_0|<d$ 内收敛.

(2) 如果 $f(z)$ 在 z_0 解析,那么使 $f(z)$ 在 z_0 的泰勒展开式成立的圆域的半径 $d=R$ 就等于从 z_0 到 $f(z)$ 的距 z_0 最近的一个奇点 α 之间的距离,即 $R=|\alpha-z_0|$. 事实上,$f(z)$ 在收敛圆内是解析的,故 α 不可能在收敛圆内,又因为奇点 α 不可能在收敛圆外,不然收敛半径还可以扩大,因此奇点 α 只能在收敛圆周上.

(3) $f(z)$ 在 z_0 处的泰勒展开式是唯一的,因为假设 $f(z)$ 在 z_0 处有另一展开式

$$f(z)=b_0+b_1(z-z_0)+b_2(z-z_0)^2+\cdots+b_n(z-z_0)^n+\cdots,$$

当 $z=z_0$ 时有 $b_0=f(z_0)$,然后按幂级数在收敛圆内可以逐项求导

的性质,将上式两边求导后,令 $z = z_0$,得 $b_1 = f'(z_0)$,同理可得 $b_n = \dfrac{f^{(n)}(z_0)}{n!}(n = 1, 2, \cdots)$.

由此可见,函数在一点解析的充要条件是它在这点的邻域内可以展开为幂级数,即泰勒级数,且是唯一的. 这个性质,从级数的角度深刻地反映了解析函数的本质.

利用泰勒展开式,我们可以直接通过计算系数: $C_n = \dfrac{1}{n!} f^{(n)}(z_0)$,$n = 0, 1, 2, \cdots$ 把函数 $f(z)$ 在 z_0 展开成幂级数. 这种方法称为直接法. 下面用此法,把一些最简单的初等函数展开成幂级数.

例 4.3.1 将 $f(z) = e^z$ 在 $z = 0$ 处展开成泰勒级数.

解 由于 $(e^z)^{(n)} = e^z$,且 $e^z|_{z=0} = 1$,($n = 0, 1, 2, \cdots$),则 $C_n = \dfrac{f^{(n)}(0)}{n!} = \dfrac{1}{n!}$,故所求的展开式为 $e^z = 1 + z + \dfrac{z^2}{2!} + \cdots + \dfrac{z^n}{n!} + \cdots$.

因为 e^z 在复平面内处处解析,所以这个等式在复平面内处处成立,并且右端幂级数的收敛半径为 ∞.

类似地,可以得到函数 $\sin z$,$\cos z$ 在 $z = 0$ 的泰勒展开式:

$$\sin z = z - \frac{z^3}{3!} + \frac{z^5}{5!} - \cdots + (-1)^n \frac{z^{2n+1}}{(2n+1)!} + \cdots$$

$$= \sum_{n=0}^{\infty} (-1)^n \frac{z^{2n+1}}{(2n+1)!}, (-\infty, +\infty).$$

$$\cos z = 1 - \frac{z^2}{2!} + \frac{z^4}{4!} - \cdots + (-1)^n \frac{z^{2n}}{(2n)!} + \cdots$$

$$= \sum_{n=0}^{\infty} (-1)^n \frac{z^{2n}}{(2n)!}, (-\infty, +\infty).$$

用直接法可以把较简单的解析函数在解析点的某一邻域内展开成泰勒级数,但是对于比较复杂的解析函数,使用以上方法就会变得烦琐. 又由于泰勒展开式是唯一的,所以可以用任何可能的方法将解析函数 $f(z)$ 在某个解析点 z_0 的邻域内展开为泰勒级数. 我们可以借用已知函数的展开式,利用幂级数的性质,如变量代换、逐项求导、逐项积分等得出泰勒展开式,这种方法称为间接法.

例 4.3.2 把函数 $\dfrac{1}{1+z^2}$ 展开成 z 的幂级数.

解 由于 $\dfrac{1}{1+z^2}$ 在复平面内除去 $z = i$ 及 $z = -i$ 外处处解析,那么使 $\dfrac{1}{1+z^2}$ 在 $z_0 = 0$ 的泰勒展开式成立的圆域的半径 R 就等于从

$z_0 = 0$ 到离它最近奇点的距离,$R = 1$,故 $\dfrac{1}{1+z^2}$ 在 $|z| < 1$ 内能展开成幂级数.

当 $|z| < 1$ 时,$|z^2| < 1$,

套用公式 $\dfrac{1}{1-z} = 1 + z + z^2 + \cdots + z^n + \cdots$,$|z| < 1$,

可得 $\dfrac{1}{1+z^2} = \dfrac{1}{1-(-z^2)} = 1 + (-z^2) + (-z^2)^2 + \cdots + (-z^2)^n + \cdots$,$|z| < 1$.

例 4.3.3 把函数 $\dfrac{1}{(1-z)^2}$ 展开成 $z - \mathrm{i}$ 的幂级数.

解 $\dfrac{1}{(1-z)^2}$ 只有一个奇点 $z = 1$,那么使 $\dfrac{1}{(1-z)^2}$ 在 $z_0 = \mathrm{i}$ 的泰勒展开式成立的圆域的半径 $R = |1 - \mathrm{i}| = \sqrt{2}$,所以它在 $|z - \mathrm{i}| < \sqrt{2}$ 内可以展开为 $z - \mathrm{i}$ 的幂级数.

由 $\dfrac{1}{1-z} = 1 + z + z^2 + \cdots + z^n + \cdots$,$|z| < 1$ 及幂级数的性质可得

$$\dfrac{1}{(1-z)^2} = \left(\dfrac{1}{1-z}\right)' = \left(\dfrac{1}{1-\mathrm{i}-(z-\mathrm{i})}\right)'$$

$$= \left\{\dfrac{1}{1-\mathrm{i}}\left[1 + \dfrac{z-\mathrm{i}}{1-\mathrm{i}} + \left(\dfrac{z-\mathrm{i}}{1-\mathrm{i}}\right)^2 + \cdots + \left(\dfrac{z-\mathrm{i}}{1-\mathrm{i}}\right)^n + \cdots\right]\right\}'$$

$$= \dfrac{1}{1-\mathrm{i}}\left[\dfrac{1}{1-\mathrm{i}} + \dfrac{2}{1-\mathrm{i}}\left(\dfrac{z-\mathrm{i}}{1-\mathrm{i}}\right) + \cdots + \dfrac{n}{1-\mathrm{i}}\left(\dfrac{z-\mathrm{i}}{1-\mathrm{i}}\right)^{n-1} + \cdots\right]$$

$$= \dfrac{1}{(1-\mathrm{i})^2}\left[1 + 2\left(\dfrac{z-\mathrm{i}}{1-\mathrm{i}}\right) + \cdots + n\left(\dfrac{z-\mathrm{i}}{1-\mathrm{i}}\right)^{n-1} + \cdots\right], \quad |z-\mathrm{i}| < \sqrt{2}.$$

例 4.3.4 求对数函数的主值 $\ln(1+z)$ 在 $z = 0$ 处的泰勒展开式.

解 由于 $\ln(1+z)$ 在从 -1 向左沿负实轴剪开的平面内是解析的,而 -1 是它离 $z = 0$ 最近的一个奇点,其收敛半径 $R = |-1 - 0| = 1$,所以它在 $|z| < 1$ 内可展开为 z 的幂级数,由式(4.3.2)可得

$$\dfrac{1}{1+z} = 1 - z + z^2 - z^3 + \cdots + (-1)^n z^n + \cdots, \quad |z| < 1,$$

在收敛圆 $|z| = 1$ 内,任取一条从 0 到 z 的积分路径 C,将上式两端沿 C 逐项积分得

$$\int_0^z \dfrac{1}{1+z}\mathrm{d}z = \int_0^z \mathrm{d}z - \int_0^z z \mathrm{d}z + \cdots + \int_0^z (-1)^n z^n \mathrm{d}z + \cdots$$

故有 $\ln(1+z) = z - \dfrac{z^2}{2} + \dfrac{z^3}{3} - \dfrac{z^4}{4} + \cdots + (-1)^n \dfrac{z^{n+1}}{n+1} + \cdots$,$|z| < 1$,

这就是所求的泰勒展开式.

4.4 洛朗级数

在上一节中，我们已经看到，一个在以 z_0 为中心的圆域内解析的函数 $f(z)$，可以在该圆域内展开成 $z-z_0$ 的幂级数。如果 $f(z)$ 在 z_0 处不解析，那么在 z_0 的邻域内 $f(z)$ 就不能用 $z-z_0$ 的幂级数来表示，但是这种情况是存在的。因此，在这一节中我们将讨论在以 z_0 为中心的圆环域内解析函数的级数表示法。在圆环域内解析的函数是一定能展开成幂级数的，那么它的形式是怎样的呢？我们来看下面的定理。

定理 4.4.1 设函数 $f(z)$ 在圆环域 $R_1 < |z-z_0| < R_2$ 内解析，那么

$$f(z) = \sum_{n=-\infty}^{\infty} C_n (z-z_0)^n, \quad R_1 < |z-z_0| < R_2, \quad (4.4.1)$$

其中

$$C_n = \frac{1}{2\pi i} \oint_C \frac{f(\zeta)}{(\zeta-z_0)^{n+1}} d\zeta, \quad (n = 0, \pm 1, \pm 2, \cdots).$$

(4.4.2)

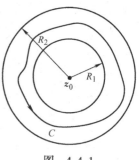

图 4.4.1

这里 C 为圆环域 $R_1 < |z-z_0| < R_2$ 内任何一条绕 z_0 的正向简单闭曲线（如图 4.4.1）且式(4.4.1) 是唯一的。（证明从略）

公式(4.4.1) 称为函数 $f(z)$ 在以 z_0 为中心的圆环域 $R_1 < |z-z_0| < R_2$ 内的洛朗(Laurent)展开式，它右端的级数称为 $f(z)$ 在此圆环域 $R_1 < |z-z_0| < R_2$ 内的洛朗级数。在许多应用中，往往需要把在点 z_0 不解析但在 z_0 的去心邻域内解析的函数 $f(z)$ 展开成级数，我们就可以利用洛朗级数来展开，并且这个幂项的级数是唯一的。从式(4.4.1) 可以知道洛朗级数是含有正、负幂项的级数，那对于这样的级数它的收敛点以及收敛区域是怎样的呢？下面我们将研究洛朗级数的收敛区域。

考虑级数

$$\sum_{n=-\infty}^{\infty} C_n (z-z_0)^n = \cdots + C_{-n}(z-z_0)^{-n} + \cdots + C_{-1}(z-z_0)^{-1} + C_0 + C_1(z-z_0) + \cdots + C_n(z-z_0)^n + \cdots, \quad (4.4.3)$$

其中 z_0 和 $C_n (n = 0, \pm 1, \pm 2, \cdots)$ 为常数，z 为变量。级数 (4.4.3) 由两个部分组成，第一个部分是 $z-z_0$ 的正幂级数

$$\sum_{n=0}^{\infty} C_n (z-z_0)^n = C_0 + C_1(z-z_0) + \cdots + C_n(z-z_0)^n + \cdots,$$

(4.4.4)

第二部分是 $z-z_0$ 的负幂级数

$$\sum_{n=1}^{\infty} C_{-n}(z-z_0)^{-n} = C_{-1}(z-z_0)^{-1} + \cdots + C_{-n}(z-z_0)^{-n} + \cdots. \tag{4.4.5}$$

规定如果在 $z=z_1$ 处，级数 (4.4.4) 和级数 (4.4.5) 都收敛，则称 z_1 为级数 (4.4.3) 的一个收敛点．不是收敛点的点就称为该级数的发散点．

首先来讨论级数 (4.4.3) 的全体收敛点的集合．

级数 (4.4.4) 是通常的幂级数，它的收敛范围是一个圆域．设收敛半径为 R_2，那么当 $|z-z_0|<R_2$ 时，级数收敛，当 $|z-z_0|>R_2$ 时，级数发散．

对级数 (4.4.5) 来说，作变换 $\zeta = \dfrac{1}{z-z_0}$，就得到 ζ 的幂级数

$$\sum_{n=1}^{\infty} C_{-n}(z-z_0)^{-n} = \sum_{n=1}^{\infty} C_{-n}\zeta^n.$$

这是一个通常的幂级数，设它的收敛半径为 r，则当 $|\zeta|<r$ 时收敛，$|\zeta|>r$ 时发散．设 $R_1 = \dfrac{1}{r}$，于是负幂项级数 (4.4.5) 当 $|z-z_0|>R_1$ 时收敛，$|z-z_0|<R_1$ 时发散．

综上所述，对于级数 (4.4.3) 的收敛集合就取决于 R_1 和 R_2．

(1) 若 $R_1>R_2$（如图 4.4.2 所示），此时级数 (4.4.4) 和级数 (4.4.5) 没有公共的收敛范围，故级数 (4.4.3) 在复平面上处处发散．

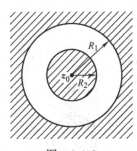

图 4.4.2

(2) 若 $R_1<R_2$（如图 4.4.3 所示），此时级数 (4.4.4) 和级数 (4.4.5) 的公共收敛范围是圆环域 $R_1<|z-z_0|<R_2$，所以级数 (4.4.3) 在这个圆环域内收敛，而在其外部发散．在其边界 $|z-z_0|=R_1$ 和 $|z-z_0|=R_2$ 上级数 (4.4.3) 可能有收敛点也可能有发散点，需要根据情况具体分析．

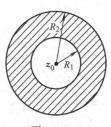

图 4.4.3

(3) 若 $R_1=R_2$，此时级数在 $|z-z_0|=R_1$ 以外的点处处发散，而在 $|z-z_0|=R_1$ 上的点，无法直接判定其收敛性，需要根据情况具体分析．

综上，洛朗级数的收敛范围为圆环域．级数 (4.4.3) 在其收敛圆环内的和函数也有类似于幂级数的和函数的性质．例如级数 (4.4.3) 在其收敛圆环域内的和函数是解析的，而且可以任意次的逐项求积分和逐项求导．

另一方面，读者应该注意，在上一节的泰勒展开式中，幂级数的各项系数可以用函数 $f(z)$ 在 z_0 处的高阶导数来计算，而洛朗级数中的系数 $\dfrac{1}{2\pi i}\oint_C \dfrac{f(\zeta)}{(\zeta-z_0)^{n+1}}\mathrm{d}\zeta$ 不能用 $f(z)$ 在 z_0 处的高阶导

复变函数与积分变换

数来代替,两者并不相同. 这是因为此时函数 $f(z)$ 并非在以 z_0 为圆心的圆域内解析. 另外,公式(4.4.1)虽然给出了求函数的洛朗展开式的一般方法,但是用它直接来求系数通常很困难. 但又由于解析函数在某一圆环域内展开成洛朗级数的唯一性,我们可以像上一节求函数的泰勒展开式那样采用间接法,特别是利用代数运算、变量代换、逐项求导和积分等方法,对于一些函数求洛朗展开式会简便很多.

例 4.4.1 把函数 $f(z) = \dfrac{e^z}{z^2}$ 在以 $z=0$ 为中心的圆环域 $0 < |z| < +\infty$ 内展开成洛朗级数.

解 若用公式(4.4.4)直接计算,$C_n = \dfrac{1}{2\pi i}\oint_C \dfrac{e^\xi}{\xi^{n+3}}d\xi$.

当 $n+3 \leq 0$,即 $n \leq -3$ 时,函数 $\dfrac{e^\xi}{\xi^{n+3}}$ 在圆环域内解析,则 $C_n = 0$;

当 $n \geq -2$ 时,$C_n = \dfrac{1}{2\pi i}\oint_C \dfrac{e^\zeta}{\zeta^{n+3}}d\xi = \dfrac{1}{(n+2)!}(e^\zeta)^{(n+2)}|_{\zeta=0} = \dfrac{1}{(n+2)!}$,

即 $f(z) = \dfrac{e^z}{z^2} = \sum_{n=-2}^{+\infty} \dfrac{z^n}{(n+2)!} = \dfrac{1}{z^2} + \dfrac{1}{z} + \dfrac{1}{2!} + \dfrac{z}{3!} + \dfrac{z^2}{4!} + \cdots$.

可以看出,即便是对比较简单的函数,直接套用洛朗级数公式也是比较烦琐的. 对于此例题可用间接法.

由于已知函数 e^z 的泰勒展开式为

$$e^z = 1 + z + \dfrac{z^2}{2!} + \cdots + \dfrac{z^n}{n!} + \cdots = \sum_{n=0}^{\infty} \dfrac{z^n}{n!},$$

所以利用洛朗展开式的唯一性,可知函数 $f(z)$ 的洛朗展开式为

$$f(z) = \dfrac{e^z}{z^2} = \dfrac{1}{z^2}\sum_{n=0}^{+\infty} \dfrac{z^n}{n!}$$

$$= \sum_{n=-2}^{+\infty} \dfrac{z^n}{(n+2)!} = \dfrac{1}{z^2} + \dfrac{1}{z} + \dfrac{1}{2!} + \dfrac{z}{3!} + \dfrac{z^2}{4!} + \cdots.$$

例 4.4.2 函数 $f(z) = \dfrac{1}{(z-1)(z-2)}$ 在圆环域:(1) $0 < |z| < 1$;(2) $1 < |z| < 2$;(3) $2 < |z| < +\infty$ 内是处处解析的,试把函数 $f(z)$ 在这些区域内展开成洛朗级数(如图 4.4.4 所示).

解 先把 $f(z)$ 用部分分式来表示:

$$f(z) = \dfrac{1}{1-z} - \dfrac{1}{2-z}.$$

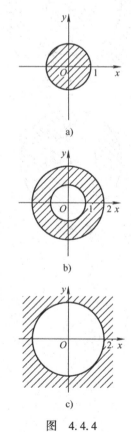

图 4.4.4

(1) 在 $0 < |z| < 1$ 内（见图 4.4.4a），由于 $|z| < 1$，从而 $\left|\dfrac{z}{2}\right| < 1$，所以

$$\frac{1}{1-z} = 1 + z + z^2 + \cdots + z^n + \cdots, \tag{4.4.6}$$

$$\frac{1}{2-z} = \frac{1}{2} \cdot \frac{1}{1-\dfrac{z}{2}} = \frac{1}{2}\left(1 + \frac{z}{2} + \frac{z^2}{2^2} + \cdots + \frac{z^n}{2^n} + \cdots\right), \tag{4.4.7}$$

因此，我们有

$$f(z) = (1 + z + z^2 + \cdots) - \frac{1}{2}\left(1 + \frac{z}{2} + \frac{z^2}{4} + \cdots\right)$$

$$= \frac{1}{2} + \frac{3}{4}z + \frac{7}{8}z^2 + \cdots.$$

结果中不含有 z 的负幂项，原因在于 $f(z) = \dfrac{1}{(z-1)(z-2)}$ 在 $z = 0$ 处是解析的.

(2) 在 $1 < |z| < 2$（见图 4.4.4b）内，由于 $|z| > 1$，所以式(4.4.6) 不成立，但此时 $\left|\dfrac{1}{z}\right| < 1$，因此把 $\dfrac{1}{1-z}$ 另行展开如下：

$$\frac{1}{1-z} = -\frac{1}{z} \cdot \frac{1}{1-\dfrac{1}{z}} = -\frac{1}{z}\left(1 + \frac{1}{z} + \frac{1}{z^2} + \cdots\right). \tag{4.4.8}$$

并由于此时 $|z| < 2$，从而 $\left|\dfrac{z}{2}\right| < 1$，所以式(4.4.7) 仍然有效. 因此，我们有

$$f(z) = -\frac{1}{z}\left(1 + \frac{1}{z} + \frac{1}{z^2} + \cdots\right) - \frac{1}{2}\left(1 + \frac{z}{2} + \frac{z^2}{4} + \cdots\right)$$

$$= \cdots - \frac{1}{z^2} - \frac{1}{z^{n-1}} - \cdots - \frac{1}{z} - \frac{1}{2} - \frac{z}{4} - \frac{z^2}{8} - \cdots.$$

(3) 在 $2 < |z| < +\infty$ 内（见图 4.4.4c），由于 $|z| > 2$，所以式(4.4.7) 不成立，但此时 $\left|\dfrac{2}{z}\right| < 1$，因此把 $\dfrac{1}{2-z}$ 另行展开如下：

$$\frac{1}{2-z} = -\frac{1}{z} \cdot \frac{1}{1-\dfrac{2}{z}} = -\frac{1}{z}\left(1 + \frac{2}{z} + \frac{4}{z^2} + \cdots\right).$$

并因此时 $\left|\dfrac{1}{z}\right| < \left|\dfrac{2}{z}\right| < 1$，所以 (4.4.8) 仍然有效，因此，我们有

$$f(z) = \frac{1}{z}\left(1 + \frac{2}{z} + \frac{4}{z^2} + \cdots\right) - \frac{1}{z}\left(1 + \frac{1}{z} + \frac{1}{z^2} + \cdots\right) = \frac{1}{z^2} + \frac{3}{z^3} + \frac{7}{z^4} + \cdots.$$

上题中的函数 $f(z)$ 在三个不同的圆环域内有三个不同的洛朗展开式，这与洛朗展开式的唯一性是不相矛盾的. 事实上，洛朗展开式的唯一性，指的是函数在某个给定的圆环域内的洛朗展开式的唯一性. 在不同圆环域的洛朗展开式是可以不同的.

例4.4.3 把函数 $f(z) = z^2 e^{\frac{1}{z}}$ 在 $0 < |z| < +\infty$ 内展开成洛朗级数.

解 函数 $f(z) = z^2 e^{\frac{1}{z}}$ 在 $0 < |z| < +\infty$ 内处处解析. 由于 e^z 在复平面内的展开式是

$$e^z = 1 + z + \frac{z^2}{2!} + \frac{z^3}{3!} + \cdots + \frac{z^n}{n!} + \cdots,$$

而 $\frac{1}{z}$ 在 $0 < |z| < +\infty$ 解析,所以把上式中的 z 代换成 $\frac{1}{z}$,两边同乘以 z^2,即得所求的洛朗展开式

$$z^2 e^{\frac{1}{z}} = z^2 \left(1 + \frac{1}{z} + \frac{1}{2!}\frac{1}{z^2} + \frac{1}{3!}\frac{1}{z^3} + \frac{1}{4!}\frac{1}{z^4} + \cdots\right)$$

$$= z^2 + z + \frac{1}{2!} + \frac{1}{3!}\frac{1}{z} + \frac{1}{4!}\frac{1}{z^2} + \cdots.$$

习 题 四

A 类

1. 下列复数列是否有极限? 如果有极限,求出其极限.

(1) $z_n = i^n + \frac{1}{n}$;　　(2) $z_n = (-1)^n + \frac{i}{n+1}$;

(3) $z_n = \left(\frac{z}{\bar{z}}\right)^n$;　　(4) $z_n = \frac{1}{n} + \frac{i}{3^n}$;

(5) $z_n = \frac{n!}{n^n} i^n$;　　(6) $z_n = \frac{1}{n} e^{-\frac{n\pi i}{2}}$.

2. 判断下列级数是否收敛,是否绝对收敛.

(1) $\sum_{n=1}^{\infty} \left(\frac{1}{2^n} + \frac{i}{n}\right)$;　　(2) $\sum_{n=1}^{\infty} \frac{n}{3^n}(1+i)^n$;

(3) $\sum_{n=1}^{\infty} \frac{i^n}{n!}$;　　(4) $\sum_{n=0}^{\infty} \frac{\cos in}{2^n}$;

(5) $\sum_{n=0}^{\infty} (1+i)^n$;　　(6) $\sum_{n=1}^{\infty} \left(\frac{1+5i}{2}\right)^n$.

3. 幂级数 $\sum_{n=0}^{\infty} C_n(z-2)^n$ 能否在 $z=0$ 收敛,而在 $z=2$ 发散?

4. 试证明级数

$$z^2 + \frac{z^2}{1+z^2} + \frac{z^2}{(1+z^2)^2} + \cdots + \frac{z^2}{(1+z^2)^n} + \cdots$$

沿实轴为绝对收敛.

5. 证明:

$$\lim_{n\to\infty}\alpha^n = \begin{cases} 0, & |\alpha| < 1, \\ \infty, & |\alpha| > 1, \\ 1, & \alpha = 1, \\ \text{不存在}, & |\alpha| = 1, \alpha \neq 1. \end{cases}$$

6. 求下列级数的和函数：

(1) $\sum_{n=1}^{\infty}(r-1)^n nz^{n-1}$；   (2) $\sum_{n=1}^{\infty}(n+1)z^n$；

(3) $\sum_{n=1}^{\infty}(r-1)^n \dfrac{z^{2n}}{(2n)!}$.

7. 求下列幂级数的收敛半径：

(1) $\sum_{n=1}^{\infty} nz^{n-1}$；   (2) $\sum_{n=1}^{\infty} \dfrac{z^n}{n^p}$ (p 为正整数)；

(3) $\sum_{n=1}^{\infty}\left(1+\dfrac{1}{n}\right)^{n^2} z^n$；   (4) $\sum_{n=1}^{\infty} \dfrac{(-1)^n}{n!} z^n$；

(5) $\sum_{n=1}^{\infty} e^{i\frac{\pi}{n}} z^n$.

8. 若已知级数 $\sum_{n=0}^{\infty} C_n z^n$ 的收敛半径为 $R(0 < R < +\infty)$. 试求 $\sum_{n=0}^{\infty}(1+z_0^n)C_n z^n$ 的收敛半径.

9. 将下列各函数展开为 z 的幂级数，并指出其收敛区域.

(1) $\dfrac{1}{1+z^3}$；   (2) $\dfrac{1}{(z-a)(z-b)}$ ($a \neq 0, b \neq 0$)；

(3) $\sin^2 z$；   (4) $\dfrac{1}{3-2z}$；

(5) $\text{ch } z$；   (6) $e^{\frac{z}{z-1}}$.

10. 求下列各函数在指定点 z_0 处的泰勒展开式，并指出它们的收敛半径.

(1) $\dfrac{z-1}{z+1}$, $z_0 = 1$；   (2) $\dfrac{1}{z^2}$, $z_0 = -1$；

(3) $\dfrac{1}{4-3z}$, $z_0 = 1+i$；   (4) $\tan z$, $z_0 = \dfrac{\pi}{4}$；

(5) $e^{\frac{z}{z-1}}$, $z_0 = 0$.

11. 若 $f(z) = \sum_{n=0}^{\infty} a_n z^n$ 在 $|z| < 1$ 内解析，而且 $\text{Re}\{f(z)\} > 0$，证明

$$|a_n| \leq 2\text{Re}\{a_0\} \quad (n=1,2,\cdots).$$

12. 将 $f(z) = \dfrac{1}{(z-b)}$ 展为 $(z-a)$ 的幂级数，a, b 为不相等的复常数.

13. 将下列各函数在指定圆环内展开为洛朗级数.

(1) $\dfrac{z+1}{z^2(z-1)}$, $0<|z|<1$, $1<|z|<+\infty$；

(2) $ze^{\frac{1}{z}}$, $0<|z|<+\infty$；

(3) $\dfrac{1}{(z^2+1)(z-2)}$, $1<|z|<2$；

(4) $\dfrac{(z-1)(z-2)}{(z-3)(z-4)}$, $3<|z|<4$, $4<|z|<+\infty$；

(5) $\cos\dfrac{i}{1-z}$, $0<|z-1|<+\infty$.

14. 将函数 $f(z)=\dfrac{1}{z-5}$ 展开为洛朗级数，圆环域为

(1) $0<|z-3|<2$； (2) $2<|z-3|<+\infty$；

(3) $0<|z-1|<4$； (4) $4<|z-1|<+\infty$.

15. 将函数 $f(z)=\dfrac{1}{z^2+1}$ 分别在 $z=-i$ 与 $z=\infty$ 展开成级数.

16. 函数 $\tan\dfrac{1}{z}$ 能否在圆环域 $0<|z|<R(0<R<+\infty)$ 内展开成洛朗级数？为什么？

17. 试求积分 $\oint_C\left(\sum\limits_{n=-2}^{\infty}z^n\right)\mathrm{d}z$ 的值，其中 C 为单位圆 $|z|=1$ 内的任何一条不经过原点的简单闭曲线.

B 类

1. 设 $\sum\limits_{n=0}^{\infty}C_nz^n$ 的收敛半径为 $R>0$，并且在收敛圆周上一点绝对收敛. 试证明这个级数对于所有的点 z（$|z|\leq R$）为绝对收敛.

2. 讨论级数 $\sum\limits_{n=0}^{\infty}(z^{n+1}-z^n)$ 的收敛性.

3. 求下列幂级数的收敛半径

(1) $\sum\limits_{n=1}^{\infty}(-i)^{n-1}\dfrac{(2n-1)}{2^n}z^{2n-1}$；

(2) $\sum\limits_{n=1}^{\infty}\left(\dfrac{i}{n}\right)^n(z-1)^{n(n+1)}$.

4. 如果 k 为满足关系 $k^2<1$ 的实数，证明：

$$\sum_{n=0}^{\infty}k^n\sin(n+1)\theta=\dfrac{\sin\theta}{1-2k\cos\theta+k^2};$$

$$\sum_{n=0}^{\infty}k^n\cos(n+1)\theta=\dfrac{\cos\theta-k}{1-2k\cos\theta+k^2}.$$

5. 将 $f(z)=e^{\frac{z}{z+2}}$ 在 $z=\infty$ 邻域内展开.

第 5 章

留 数

【学习目标】

1. 理解孤立奇点的概念与孤立奇点的分类以及函数在孤立奇点的留数概念.
2. 掌握并能应用留数定理.
3. 掌握留数的计算方法,特别是奇点处留数的求法.
4. 熟练掌握应用留数求复变函数在闭曲线上积分的方法.

5.1 孤立奇点

5.1.1 孤立奇点

本节我们来研究解析函数的孤立奇点,并以洛朗级数为工具,对解析函数的孤立奇点进行分类.

定义 5.1.1 函数 $f(z)$ 在 z_0 处不解析,但在 z_0 的某一个去心邻域 $0 < |z - z_0| < \delta$ 内处处解析,则称 z_0 为 $f(z)$ 的孤立奇点.

例 5.1.1 $z = 0$ 是函数 $f(z) = \dfrac{1}{z}$ 的孤立奇点.

例 5.1.2 $z_1 = 2i$ 和 $z_2 = -3$ 是函数 $f(z) = \dfrac{1}{(z-2i)(z+3)}$ 的两个孤立奇点.

例 5.1.3 $z = 0$ 和 $z = \dfrac{1}{n\pi}(n = \pm 1, \pm 2, \cdots)$ 都是函数 $f(z) = \dfrac{1}{\sin\dfrac{1}{z}}$ 的奇点,但是 $z = 0$ 不是孤立奇点,这是因为在 $z = 0$ 的任何去心邻域内,只要 $|n|$ 充分大,总有奇点 $\dfrac{1}{n\pi}$ 包含在其中.

此例题说明,不是所有的奇点都是孤立奇点.

在上一章我们已经知道,函数 $f(z)$ 若在孤立奇点 $z = z_0$ 的去心邻域内解析,则在该去心邻域内可展开成洛朗级数

$$f(z) = \sum_{n=-\infty}^{\infty} C_n (z - z_0)^n.$$

我们按展开式中含负幂项的不同情况把孤立奇点分为三类：

1. 可去奇点

如果在洛朗展开式中不含 $z-z_0$ 的负幂项，那么孤立奇点 z_0 称为 $f(z)$ 的可去奇点．这时，$f(z)$ 在 z_0 的去心邻域内的洛朗级数实际上就是一个普通的幂级数

$$C_0 + C_1(z-z_0) + \cdots + C_n(z-z_0)^n + \cdots.$$

可知，这个幂级数的和函数 $F(z)$ 是在 z_0 解析的函数，且 $z \neq z_0$ 时，$F(z) = f(z)$；当 $z = z_0$ 时，$F(z_0) = C_0$．但是，由于

$$\lim_{z \to z_0} f(z) = \lim_{z \to z_0} F(z) = F(z_0) = C_0,$$

所以不论 $f(z)$ 原来在 z_0 是否有定义，如果我们令 $f(z_0) = C_0$，那么在圆域 $|z-z_0| < \delta$ 内就有

$$f(z) = C_0 + C_1(z-z_0) + \cdots + C_n(z-z_0)^n + \cdots,$$

从而函数 $f(z)$ 在 z_0 就成为解析函数．由于这个原因，所以 z_0 称为可去奇点．

例如：$z = 0$ 是 $\dfrac{\sin z}{z}$ 的可去奇点，因为这个函数在 $z = 0$ 的去心邻域内的洛朗级数

$$\frac{\sin z}{z} = \frac{1}{z}\left(z - \frac{1}{3!}z^3 + \frac{1}{5!}z^5 - \cdots\right) = 1 - \frac{1}{3!}z^2 + \frac{1}{5!}z^4 - \cdots$$

不含负幂项．如果我们约定 $\dfrac{\sin z}{z}$ 在 $z = 0$ 的值为 1（即 C_0），那么 $\dfrac{\sin z}{z}$ 在 $z = 0$ 就成为解析的了．

2. 极点

如果在洛朗展开式中只有有限多个 $z-z_0$ 的负幂项，且其中关于 $(z-z_0)^{-1}$ 的最高幂为 $(z-z_0)^{-m}$，即

$$\begin{aligned} f(z) = &\, C_{-m}(z-z_0)^{-m} + C_{-m+1}(z-z_0)^{-m+1} + \\ &\, C_{-m+2}(z-z_0)^{-m+2} + \cdots + \\ &\, C_0 + C_1(z-z_0) + \cdots. \quad (m \geq 1, C_{-m} \neq 0) \end{aligned}$$

那么孤立奇点 z_0 称为函数 $f(z)$ 的 m 级极点，上式也可写成

$$f(z) = \frac{1}{(z-z_0)^m} g(z), \qquad (5.1.1)$$

其中，$g(z) = C_{-m} + C_{-m+1}(z-z_0) + C_{-m+2}(z-z_0)^2 + \cdots$ 在 $|z-z_0| < \delta$ 内是解析的函数，且 $g(z_0) \neq 0$．反过来，当任何一个函数 $f(z)$ 能表示为式 (5.1.1) 的形式，且 $g(z)$ 在 z_0 解析，$g(z_0) \neq 0$ 时，那么 z_0 是 $f(z)$ 的 m 级极点．这也是判断 z_0 是 $f(z)$ 的 m 级极点的充要条件．

例如：对有理分式函数 $f(z) = \dfrac{z-2}{(z^2+1)(z-1)^3}$ 来说，$z = 1$ 是它的一个三级极点，$z = \pm i$ 都是它的一级极点.

如果 z_0 是 $f(z)$ 的 m 级极点，由式(5.1.1)，就有 $\lim\limits_{z \to z_0} |f(z)| = \infty$ 或写作 $\lim\limits_{z \to z_0} f(z) = \infty$.

3. 本性奇点

如果在洛朗展开式中含有无穷多个 $z - z_0$ 的负幂项，那么孤立奇点 z_0 称为函数 $f(z)$ 的本性奇点.

对于本性奇点有下面的性质：

如果 z_0 为函数 $f(z)$ 的本性奇点，那么对于任意给定的复数 A，总可以找到一个趋于 z_0 的数列 $\{z_n\}$，当 z 沿这个数列趋向于 z_0 时，$f(z)$ 的值趋向于 A，即 $\lim\limits_{z \to z_0} f(z) = A$. （证明从略）

例如：函数 $f(z) = e^{\frac{1}{z}}$ 在 $z_0 = 0$ 的洛朗展开式为

$$e^{\frac{1}{z}} = 1 + z^{-1} + \frac{1}{2!} z^{-2} + \cdots + \frac{1}{n!} z^{-n} + \cdots,$$

其中含有无穷多个 z 的负幂项，因而 $z_0 = 0$ 为本性奇点. 而对于给定的复数 i，有复数列 $z_n = \dfrac{1}{\left(\dfrac{\pi}{2} + 2n\pi\right) i}$ $(n = 1, 2, \cdots)$ 存在，当 $n \to \infty$ 时，$z_n \to z_0 = 0$，且

$$f(z_n) = e^{\frac{1}{z_n}} = e^{\left(\frac{\pi}{2} + 2n\pi\right) i} = i, \text{ 故 } \lim\limits_{z \to z_0} f(z) = i.$$

综上所述，得知在 $f(z)$ 的孤立奇点 z_0 的某一去心邻域内，按可去奇点、极点、本性奇点可分为以下 3 种情况：

(1) 如果 z_0 称为 $f(z)$ 的可去奇点，那么 $\lim\limits_{z \to z_0} f(z)$ 存在且有限；

(2) 如果 z_0 称为 $f(z)$ 的极点，那么 $\lim\limits_{z \to z_0} f(z) = \infty$；

(3) 如果 z_0 称为 $f(z)$ 的本性奇点，那么 $\lim\limits_{z \to z_0} f(z)$ 不存在且不为 ∞.

以上的结论反过来也是成立的，这就是说，我们可以利用上述极限的不同情形对孤立奇点进行分类.

例 5.1.4 讨论函数 $f(z) = \dfrac{1}{(z-1)(z+i)^2}$ 的孤立奇点的类型.

解 $z = 1$ 和 $z = -i$ 是函数 $f(z)$ 的两个孤立奇点，并且在 $z = 1$ 和 $z = -i$ 的去心邻域内可以表示为 $f(z) = \dfrac{\dfrac{1}{(z+i)^2}}{(z-1)}$，$f(z) = \dfrac{\dfrac{1}{(z-1)}}{(z+i)^2}$，

而 $\dfrac{1}{(z+i)^2}$ 在 $z=1$ 的邻域内解析，且在 $z=1$ 取值不为 0，则 $z=1$ 为 $f(z)$ 的一级极点；同样，$\dfrac{1}{(z-1)}$ 在 $z=-i$ 的邻域内解析，且在 $z=-i$ 取值不为 0，则 $z=-i$ 为 $f(z)$ 的二级极点.

例 5.1.5 讨论函数 $e^{\frac{1}{z-1}}$ 的孤立奇点的类型.

解 因为函数 $e^{\frac{1}{z-1}}$ 在复平面内有唯一一个孤立奇点 $z=1$，$e^{\frac{1}{z-1}}$ 在 $0<|z-1|<+\infty$ 内的洛朗展开式为

$$e^{\frac{1}{z-1}} = 1 + \frac{1}{z-1} + \frac{1}{2!}\frac{1}{(z-1)^2} + \cdots + \frac{1}{n!}\frac{1}{(z-1)^n} + \cdots,$$

此级数含有无限多个负幂项，故 $z=1$ 是函数 $e^{\frac{1}{z-1}}$ 的本性奇点.

5.1.2　函数的零点与极点的关系

定义 5.1.2 不恒等于零的解析函数 $f(z)$ 如果能表示成

$$f(z) = (z-z_0)^m \varphi(z), \tag{5.1.2}$$

其中 $\varphi(z)$ 在 z_0 解析并且 $\varphi(z_0) \neq 0$，m 为某一正整数，那么 z_0 称为 $f(z)$ 的 m 级零点.

例如：$z=0$ 与 $z=1$ 分别是函数 $f(z) = z(z-1)^3$ 的一级与三级零点.

由定义 5.1.2，可以得到下面定理：

定理 5.1.1 如果 $f(z)$ 在 z_0 解析，那么 z_0 为 $f(z)$ 的 m 级零点的充要条件是

$$\begin{cases} f^{(n)}(z_0) = 0, (n=0,1,2,\cdots,m-1). \\ f^{(m)}(z_0) \neq 0. \end{cases} \tag{5.1.3}$$

证明 如果 z_0 为 $f(z)$ 的 m 级零点，那么 $f(z)$ 可表示成

$$f(z) = (z-z_0)^m \varphi(z)$$

的形式. 设 $\varphi(z)$ 在 z_0 的泰勒展开式为

$$\varphi(z) = C_0 + C_1(z-z_0) + C_2(z-z_0)^2 + \cdots,$$

其中 $C_0 = \varphi(z_0) \neq 0$，从而 $f(z)$ 在 z_0 的泰勒展开式为

$$f(z) = C_0(z-z_0)^m + C_1(z-z_0)^{m+1} + C_2(z-z_0)^{m+2} + \cdots.$$

上式说明，$f(z)$ 在 z_0 的泰勒展开式的前 m 项系数都为零. 由泰勒级数的系数公式及泰勒公式的唯一性可知，

$$f^{(n)}(z_0) = 0 (n=0,1,2,\cdots,m-1),$$

而 $\dfrac{f^{(m)}(z_0)}{m!} = C_0 \neq 0$，这就证明了式 (5.1.3) 是 z_0 的 m 级零点的必要条件.

充分条件由读者自己证明.

例如：已知 $z=1$ 是 $f(z) = z^3 - 1$ 的零点，由于

$$f'(z) = 3z^2 \mid_{z=1} = 3 \neq 0,$$

从而 $z=1$ 是 $f(z)$ 的一级零点.

顺便指出,一个不恒等于零的解析函数的零点是孤立的.

事实上,由于 $f(z) = (z-z_0)^m \varphi(z)$ 中的函数 $\varphi(z)$ 在 z_0 解析,且 $\varphi(z_0) \neq 0$,因而它在 z_0 的邻域内不为零. 所以

$$f(z) = (z-z_0)^m \varphi(z)$$

在 z_0 的去心邻域内不为零,只是在 z_0 等于零.

函数的零点与极点有下面的关系:

定理 5.1.2 如果 z_0 为 $f(z)$ 的 m 级极点,那么 z_0 为 $\dfrac{1}{f(z)}$ 的 m 级零点,反之成立.

证明 若 z_0 为 $f(z)$ 的 m 级极点,则有 $f(z) = \dfrac{1}{(z-z_0)^m} \varphi(z)$,其中 $\varphi(z)$ 在 z_0 解析,且 $\varphi(z_0) \neq 0$. 所以当 $z \neq z_0$ 时,有

$$\frac{1}{f(z)} = (z-z_0)^m \frac{1}{\varphi(z)} = (z-z_0)^m \psi(z), \quad (5.1.4)$$

函数 $\psi(z)$ 也在 z_0 解析,且 $\psi(z_0) \neq 0$. 由于

$$\lim_{z \to z_0} \frac{1}{f(z)} = 0,$$

因此,我们只要令 $\dfrac{1}{f(z_0)} = 0$,那么由式(5.1.4)知 z_0 是 $\dfrac{1}{f(z)}$ 的 m 级零点.

反过来,如果 z_0 是 $\dfrac{1}{f(z)}$ 的 m 级零点,那么

$$\frac{1}{f(z)} = (z-z_0)^m g(z),$$

这里 $g(z)$ 在 z_0 解析,且 $g(z_0) \neq 0$,由此,当 $z \neq z_0$ 时,得

$$f(z) = \frac{1}{(z-z_0)^m} h(z),$$

而 $h(z) = \dfrac{1}{g(z)}$ 在 z_0 解析,并且 $h(z_0) \neq 0$,所以 z_0 是 $f(z)$ 的 m 级极点.

这个定理为判断函数的极点提供了一个较为简便的方法.

例 5.1.6 函数 $\dfrac{1}{\sin z}$ 有些什么奇点?如果是极点,指出它的级.

解 函数 $\dfrac{1}{\sin z}$ 的奇点显然是使 $\sin z = 0$ 的点. 这些奇点是 $z = k\pi (k = 0, \pm 1, \pm 2, \cdots)$,很明显它们是孤立奇点.

又由于

$$(\sin z)' \mid_{z=k\pi} = \cos z \mid_{z=k\pi} = (-1)^k \neq 0 (k = 0, \pm 1, \pm 2, \cdots),$$

所以 $z = k\pi$ 都是 $\sin z$ 的一级零点，也就是 $\dfrac{1}{\sin z}$ 的一级极点．

注 在求函数孤立奇点时，我们要有理论依据，不能凭空猜测作出结论．

5.1.3 函数在无穷远点的性态

到现在为止，我们在讨论函数 $f(z)$ 的解析性和它的孤立奇点时，都假定 z 为有限复平面内的点．下面我们对函数在扩充复平面上的无穷远点的性态加以讨论．

定义 5.1.3 如果函数 $f(z)$ 在无穷远点 $z = \infty$ 的去心邻域 $R < |z| < +\infty$ 内解析，那么称无穷远点 $z = \infty$ 为函数 $f(z)$ 的孤立奇点．

在 $R < |z| < +\infty$ 内，函数 $f(z)$ 有洛朗展开式

$$f(z) = \sum_{n=-\infty}^{\infty} C_n z^n \quad (R < |z| < +\infty), \quad (5.1.5)$$

其中 $C_n = \dfrac{1}{2\pi i} \oint_C \dfrac{f(\zeta)}{\zeta^{n+1}} d\zeta$ ($n = 0, \pm 1, \pm 2, \cdots$)，$C$ 为圆环域 $R < |z| < +\infty$ 内绕原点的任何一条正向简单闭曲线．

令 $z = \dfrac{1}{\omega}$，则此映射将扩充 z 平面上 ∞ 的去心邻域 $R < |z| < +\infty$ 映射成扩充 ω 平面上原点的去心邻域 $0 < |\omega| < \dfrac{1}{R}$，又 $f(z) = f\left(\dfrac{1}{\omega}\right) = \varphi(\omega)$．这样，通过上面的变换把扩充 z 平面的无穷远点 $z = \infty$ 映射成扩充 ω 平面上的点 $\omega = 0$，显然 $\varphi(\omega)$ 在去心邻域 $0 < |\omega| < \dfrac{1}{R}$ 内是解析的，$\omega = 0$ 是 $\varphi(\omega)$ 的孤立奇点．通过以上的变换把函数 $f(z)$ 在无穷远点的分类问题转化为函数 $\varphi(\omega)$ 在 $\omega = 0$ 的分类问题，于是便有下面的结论：

定理 5.1.3 如果 $w = 0$ 是函数 $\varphi(w)$ 的可去奇点、m 级极点或本性奇点，那么就称无穷远点 $z = \infty$ 是函数 $f(z)$ 的可去奇点、m 级极点或本性奇点．

由于 $\varphi(\omega)$ 在去心邻域 $0 < |\omega| < \dfrac{1}{R}$ 内解析，因此可将 $\varphi(w)$ 在 $0 < |w| < \dfrac{1}{R}$ 展开为洛朗级数

$$\varphi(w) = \sum_{n=-\infty}^{\infty} b_n w^n, \quad (5.1.6)$$

然后用 $w = \dfrac{1}{z}$ 代入等式 (5.1.6)，得到

第5章 留数

$$f(z) = \sum_{n=-\infty}^{\infty} b_n z^{-n} \quad (R < |z| < +\infty).$$

将此式与式(5.1.5)相对照,又由洛朗级数展开式的唯一性知,必有

$$C_n = b_{-n} \quad (n = 0, \pm 1, \pm 2, \cdots).$$

所以

$$f(z) = \sum_{n=1}^{\infty} C_{-n} z^{-n} + C_0 + \sum_{n=1}^{\infty} C_n z^n,$$

$$C_n = \frac{1}{2\pi i} \oint_C \frac{f(\zeta)}{\zeta^{n+1}} d\zeta \quad (n = 0, \pm 1, \pm 2, \cdots). \quad (5.1.7)$$

通过以上分析我们可以看到,如果在级数(5.1.6)中(1)不含负幂项;(2)含有有限多的负幂项,且 w^{-m} 为最高负幂;(3)含有无穷多的负幂项,则 $w=0$ 是函数 $\varphi(w)$ 的可去奇点、m 级极点或本性奇点. 相应地,我们也有以下的定义:

定义 5.1.4 如果在级数(5.1.7)中(1)不含正幂项;(2)含有有限多的正幂项,且 z^m 为最高正幂;(3)含有无穷多的正幂项,则称无穷远点 $z=\infty$ 是函数 $f(z)$ 的可去奇点、m 级极点或本性奇点.

另一方面,判别无穷远点 $z=\infty$ 是函数 $f(z)$ 的可去奇点、m 级极点或本性奇点时,可以不必把 $f(z)$ 展开成洛朗级数来考虑,只要分别看极限 $\lim\limits_{z\to\infty} f(z)$ 的不同情况即可.

(1) 如果 $\lim\limits_{z\to\infty} f(z)$ 存在且有限,那么 $z=\infty$ 为 $f(z)$ 的可去奇点;

(2) 如果 $\lim\limits_{z\to\infty} f(z) = \infty$,那么 $z=\infty$ 为 $f(z)$ 的极点;

(3) 如果 $\lim\limits_{z\to\infty} f(z)$ 不存在且不为 ∞,那么 $z=\infty$ 为 $f(z)$ 的本性奇点.

当 $z=\infty$ 为 $f(z)$ 的可去奇点时,我们可以认为 $f(z)$ 在 ∞ 是解析的,只要取 $f(\infty) = \lim\limits_{z\to\infty} f(z)$ 即可.

例 5.1.7 函数 $\dfrac{z}{z+1}$ 是否以 $z=\infty$ 为孤立奇点,若是,属于哪种类型?

解 函数 $f(z) = \dfrac{z}{z+1}$ 在复平面内除去 $z=-1$ 的区域内处处解析,故它在圆环域 $1 < |z| < +\infty$ 内解析,由定义可知 $z=\infty$ 是它的孤立奇点.

在 $1 < |z| < +\infty$ 内可以展开为

$$f(z) = \frac{1}{1+\frac{1}{z}} = 1 - \frac{1}{z} + \frac{1}{z^2} - \frac{1}{z^3} + \cdots + (-1)^n \frac{1}{z^n} + \cdots,$$

上式不含正幂项,所以 $z=\infty$ 是 $f(z)$ 的可去奇点. 如果我们取

$f(\infty) = 1$,那么 $f(z)$ 就在 $z = \infty$ 解析.

例 5.1.8 函数 e^z 是否以 $z = \infty$ 为孤立奇点,若是,属于哪种类型?

解 函数 e^z 在复平面上处处解析,故 $z = \infty$ 是它的孤立奇点. 又当 $z \to \infty$ 时,e^z 没有任何极限,故 $z = \infty$ 是 e^z 的本性奇点.

5.2 留数

5.2.1 留数的定义及留数定理

当 $f(z)$ 在简单闭曲线 C 上及其内部解析时,由柯西-古萨基本定理知

$$\oint_C f(z)\,dz = 0.$$

如果上述 C 的内部存在函数 $f(z)$ 的孤立奇点 z_0,则积分 $\oint_C f(z)\,dz$ 一般不等于零. 然而由洛朗展开定理知,洛朗系数

$$C_n = \frac{1}{2\pi i}\oint_C \frac{f(\zeta)}{(\zeta - z_0)^{n+1}}\,d\zeta \quad (n = 0, \pm 1, \pm 2, \cdots),$$

当 $n = -1$ 时,

$$C_{-1} = \frac{1}{2\pi i}\oint_C f(z)\,dz,$$

因而积分

$$\oint_C f(z)\,dz = 2\pi i C_{-1}.$$

这说明 $f(z)$ 在孤立奇点 z_0 处的洛朗展开式中负一次幂项的系数 C_{-1} 在研究函数的积分中占有重要的地位,因此我们把它抽象出来赋予以下的定义.

定义 5.2.1 设 z_0 是解析函数 $f(z)$ 的孤立奇点,则把 $f(z)$ 在 z_0 处的洛朗展开式中负一次幂项的系数 C_{-1} 称为 $f(z)$ 在 z_0 处的留数,记作 $\text{Res}[f(z), z_0]$,即

$$\text{Res}[f(z), z_0] = C_{-1}.$$

显然,留数 $\text{Res}[f(z), z_0] = C_{-1}$ 就是积分

$$\frac{1}{2\pi i}\oint_C f(z)\,dz$$

的值,其中函数 $f(z)$ 在 z_0 的去心邻域 $0 < |z - z_0| < \delta$ 内解析,C 为 $0 < |z - z_0| < \delta$ 内绕 z_0 的任意正向简单闭曲线.

例 5.2.1 求函数 $ze^{\frac{1}{z}}$ 在孤立奇点 0 处的留数.

解 在 $0 < |z| < +\infty$ 内,$ze^{\frac{1}{z}}$ 的洛朗展开式为

$$ze^{\frac{1}{z}} = z + 1 + \frac{1}{2!}\frac{1}{z} + \frac{1}{3!}\frac{1}{z^2} + \cdots,$$

则
$$\text{Res}[ze^{\frac{1}{z}}, 0] = \frac{1}{2!}.$$

关于留数，我们有下面的基本定理.

定理 5.2.1 设函数 $f(z)$ 在区域 D 内除有限个孤立奇点 z_1, $z_2, \cdots, z_n$ 外处处解析，C 是 D 内包围各孤立奇点的一条正向简单闭曲线，那么

$$\oint_C f(z)\,\mathrm{d}z = 2\pi\mathrm{i} \sum_{k=1}^n \text{Res}[f(z), z_k].$$

证明 把在 C 内的孤立奇点 $z_k(k=1,2,\cdots,n)$ 用互不包含的正向简单闭曲线 C_k 围绕起来（如图 5.2.1 所示）. 那么根据复合闭路定理有

$$\oint_C f(z)\,\mathrm{d}z = \sum_{k=1}^n \oint_{C_k} f(z)\,\mathrm{d}z.$$

上式两边除以 $2\pi\mathrm{i}$，得

$$\frac{1}{2\pi\mathrm{i}}\oint_C f(z)\,\mathrm{d}z = \sum_{k=1}^n \frac{1}{2\pi\mathrm{i}}\oint_{C_k} f(z)\,\mathrm{d}z = \sum_{k=1}^n \text{Res}[f(z), z_k].\ \text{证毕}.$$

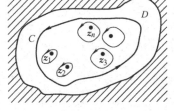

图 5.2.1

利用这个定理，求沿封闭曲线 C 的积分，就转化为求被积函数在 C 中的各孤立奇点的留数. 可见，求函数在孤立奇点处的留数是应用留数定理的关键. 一般来说，求函数 $f(z)$ 在其孤立奇点 z_0 处的留数只须求出它在以 z_0 为中心的圆环域内的洛朗展开式中 $C_{-1}(z-z_0)^{-1}$ 项的系数 C_{-1}. 但如果能先知道奇点的类型，那么求留数有时更方便.

5.2.2 留数的计算规则

如果 z_0 是函数 $f(z)$ 的可去奇点，由于 $f(z)$ 在 z_0 的某一去心邻域内的洛朗展开式中不包含 $z-z_0$ 的负幂项，所以 $C_{-1}=0$，那么 $\text{Res}[f(z), z_0]=0$；如果 z_0 是函数 $f(z)$ 的本性奇点，往往只能用把 $f(z)$ 在 z_0 展开成洛朗级数的方法来求 C_{-1}；如果 z_0 是函数 $f(z)$ 的极点，则可用较方便的求导数与求极限的方法得出留数.

规则 I 如果 z_0 是函数 $f(z)$ 的一级极点，那么
$$\text{Res}[f(z), z_0] = \lim_{z \to z_0}(z-z_0)f(z). \tag{5.2.1}$$

证明 由于 z_0 是 $f(z)$ 的一级极点，因此

$$f(z) = C_{-1}(z-z_0)^{-1} + \sum_{n=0}^\infty C_n(z-z_0)^n \quad (0 < |z-z_0| < \delta),$$

在上式两端乘以 $(z-z_0)$ 得

$$(z-z_0)f(z) = C_{-1} + \sum_{n=0}^\infty C_n(z-z_0)^{n+1},$$

再取两端的极限，得
$$\lim_{z \to z_0}(z-z_0)f(z) = C_{-1}.$$

规则 II 如果 z_0 是函数 $f(z)$ 的 m 级极点，则
$$\operatorname{Res}[f(z), z_0] = \frac{1}{(m-1)!} \lim_{z \to z_0} \frac{d^{m-1}}{dz^{m-1}}[(z-z_0)^m f(z)]. \tag{5.2.2}$$

证明 由于 z_0 是函数 $f(z)$ 的 m 级极点，则
$$f(z) = C_{-m}(z-z_0)^{-m} + \cdots + C_{-1}(z-z_0)^{-1} + C_0 + C_1(z-z_0) + \cdots.$$
以 $(z-z_0)^m$ 乘上式两端，得
$$(z-z_0)^m f(z) = C_{-m} + C_{-m+1}(z-z_0) + \cdots + C_{-1}(z-z_0)^{m-1} + C_0(z-z_0)^m + \cdots,$$
两边求 $m-1$ 阶导数，得
$$\frac{d^{m-1}}{dz^{m-1}}[(z-z_0)^m f(z)] = (m-1)!\,C_{-1} + [\text{含有 } z-z_0 \text{ 正幂的项}],$$
令 $z \to z_0$，两端求极限，右端的极限是 $(m-1)!\,C_{-1}$，则式(5.2.2)成立.

规则 III 设 $f(z) = \dfrac{P(z)}{Q(z)}$，其中 $P(z)$，$Q(z)$ 在 z_0 处解析，如果 $P(z_0) \neq 0$，$Q(z_0) = 0$，$Q'(z_0) \neq 0$，那么 z_0 为 $f(z)$ 的一级极点，且
$$\operatorname{Res}[f(z), z_0] = \frac{P(z_0)}{Q'(z_0)}. \tag{5.2.3}$$

证明 因 $Q(z_0) = 0$，$Q'(z_0) \neq 0$，则 z_0 为 $Q(z)$ 的一级零点，从而 z_0 为 $\dfrac{1}{Q(z)}$ 的一级极点. 因此，
$$\frac{1}{Q(z)} = \frac{1}{z-z_0}\varphi(z),$$
其中 $\varphi(z)$ 在 z_0 解析，且 $\varphi(z_0) \neq 0$. 由此得
$$f(z) = \frac{1}{z-z_0}g(z),$$
其中 $g(z) = \varphi(z)P(z)$ 在 z_0 解析，且 $g(z_0) = \varphi(z_0)P(z_0) \neq 0$. 故 z_0 为 $f(z)$ 的一级极点.

根据法则 I，$\operatorname{Res}[f(z), z_0] = \lim\limits_{z \to z_0}(z-z_0)f(z)$，而 $Q(z_0) = 0$，所以
$$(z-z_0)f(z) = \frac{P(z)}{\dfrac{Q(z)-Q(z_0)}{z-z_0}}.$$
令 $z \to z_0$，即得式(5.2.3).

例 5.2.2 计算积分 $\oint_C \dfrac{e^z}{z(z-1)^2} dz$，$C$ 为正向圆周：$|z| = 2$.

解 由于 $f(z) = \dfrac{e^z}{z(z-1)^2}$ 有一个一级极点 $z=0$，一个二级极点 $z=1$，而这两个极点都在圆周 $|z|=2$ 内，所以

$$\oint_C \frac{e^z}{z(z-1)^2} dz = 2\pi i \{\text{Res}[f(z),0] + \text{Res}[f(z),1]\}.$$

由规则 I、II，得

$$\text{Res}[f(z),0] = \lim_{z \to 0} z \frac{e^z}{z(z-1)^2} = \lim_{z \to 0} \frac{e^z}{(z-1)^2} = 1,$$

$$\text{Res}[f(z),1] = \frac{1}{(2-1)!} \lim_{z \to 1} \frac{d}{dz}\left[(z-1)^2 \frac{e^z}{z(z-1)^2}\right]$$

$$= \lim_{z \to 1} \left(\frac{e^z}{z}\right)' = \lim_{z \to 1} \frac{e^z(z-1)}{z^2} = 0.$$

因此 $\oint_C \dfrac{e^z}{z(z-1)^2} dz = 2\pi i(1+0) = 2\pi i.$

例 5.2.3 计算积分 $\oint_C \dfrac{z}{z^4-1} dz$，$C$ 为正向圆周：$|z|=3$.

解 函数 $f(z) = \dfrac{z}{z^4-1}$ 有四个一级极点 $z_{1,2} = \pm 1$，$z_{3,4} = \pm i$ 都在圆周 $|z|=3$ 内，所以

$$\oint_C \frac{z}{z^4-1} dz = 2\pi i \{\text{Res}[f(z),1] + \text{Res}[f(z),-1] +$$

$$\text{Res}[f(z),i] + \text{Res}[f(z),-i]\}$$

由规则 III，$\dfrac{P(z_k)}{Q'(z_k)} = \dfrac{z_k}{4z_k^3} = \dfrac{1}{4z_k^2}$，故

$$\oint_C \frac{z}{z^4-1} dz = 2\pi i \left\{\frac{1}{4} + \frac{1}{4} - \frac{1}{4} - \frac{1}{4}\right\} = 0.$$

如果 z_0 是函数 $f(z)$ 的极点，当级数较低时，应用规则 I、II、III 计算函数 $f(z)$ 在孤立奇点 z_0 处的留数比较简便. 但当级数很高时，应用以上的规则计算留数就比较烦琐，这时，我们需要应用把函数 $f(z)$ 在 z_0 的去心邻域内展开成洛朗级数的方法来求留数.

例 5.2.4 计算 $\dfrac{z - \sin z}{z^6}$ 在 $z=0$ 的留数.

解 因为

$$\frac{z - \sin z}{z^6} = \frac{1}{3!} \frac{1}{z^3} - \frac{1}{5!} \frac{1}{z} + \cdots,$$

所以 $\text{Res}\left[\dfrac{z-\sin z}{z^6}, 0\right] = C_{-1} = -\dfrac{1}{5!}.$

可见解题的关键在于根据具体问题灵活选择方法，不要拘泥于套用公式.

还应指出, 在公式(5.2.2)的推导过程中, 不难发现, 如果函数$f(z)$的极点z_0的级数不是m, 它的实际级数要比m低, 这时表达式

$$f(z) = C_{-m}(z-z_0)^{-m} + C_{-m+1}(z-z_0)^{-m+1} + \cdots + C_{-1}(z-z_0)^{-1} + C_0 + \cdots$$

的系数C_{-m}, C_{-m+1}, $\cdots$中可能有一个或几个等于零, 显然公式仍然成立.

一般来说, 应用公式(5.2.2)时, 为了计算方便不要将m取得比实际的级数高, 但把m取得比实际的级数高反而使计算方便的情形也是有的. 例如上面这个例子, 实际$z=0$是函数$\dfrac{z-\sin z}{z^6}$的三级极点, 如果像下面那样取$m=6$计算$z=0$处的留数, 还是比较简便的.

$$\operatorname{Res}\left[\frac{z-\sin z}{z^6}, 0\right] = \frac{1}{(6-1)!}\lim_{z\to 0}\frac{\mathrm{d}^5}{\mathrm{d}z^5}\left[z^6\left(\frac{z-\sin z}{z^6}\right)\right]$$

$$= \frac{1}{5!}\lim_{z\to 0}(-\cos z) = -\frac{1}{5!}.$$

5.2.3 在无穷远点的留数

定义 5.2.2 设函数$f(z)$在圆环域$R < |z| < +\infty$内解析, C为这圆环域内绕原点的任何一条正向简单闭曲线, 那么积分$\dfrac{1}{2\pi\mathrm{i}}\oint_{C^-} f(z)\mathrm{d}z$的值与$C$无关, 则称此定值为$f(z)$在$\infty$点的留数, 记作

$$\operatorname{Res}[f(z),\infty] = \frac{1}{2\pi\mathrm{i}}\oint_{C^-} f(z)\mathrm{d}z. \tag{5.2.4}$$

值得注意的是, 这里积分路线的方向是负的, 也就是取顺时针的方向. 从式(5.1.7)可知, 当$n=-1$时, 有$C_{-1} = \dfrac{1}{2\pi\mathrm{i}}\oint_C f(z)\mathrm{d}z$, 因此, 由式(5.2.4)得

$$\operatorname{Res}[f(z),\infty] = -C_{-1}. \tag{5.2.5}$$

这就是说, $f(z)$在∞点的留数等于它在∞点的去心邻域$R < |z| < +\infty$内洛朗展开式中z^{-1}的系数的相反数.

下面的定理在计算留数时是很有用的.

定理 5.2.2 如果$f(z)$在扩充复平面上只有有限个孤立奇点（包括无穷远点在内）, 设为$z_1, z_2, \cdots, z_n, \infty$, 则$f(z)$在各点的留数总和为零.

证明 除∞点外, 设$f(z)$的有限个奇点为$z_k(k=1,2,\cdots,n)$, 又设C为一条绕原点并包含$z_k(k=1,2,\cdots,n)$的一条正向简单闭曲线, 那么根据留数定理与无穷远点的留数定义, 就有

$$\text{Res}[f(z),\infty] + \sum_{k=1}^{n} \text{Res}[f(z),z_k]$$

$$= \frac{1}{2\pi i}\oint_{C^-} f(z)\,dz + \frac{1}{2\pi i}\oint_C f(z)\,dz = 0.$$

关于在无穷远点的留数计算, 我们有以下的规则:

规则 IV $\text{Res}[f(z),\infty] = -\text{Res}\left[f\left(\frac{1}{z}\right)\cdot\frac{1}{z^2},0\right].$ (5.2.6)

证明 在无穷远点的留数定义中, 设 $z=\rho e^{i\theta}$, 并设 $z=\frac{1}{\zeta}$, 则有 $\zeta = re^{i\varphi}\left(r=\frac{1}{\rho},\ \varphi=-\theta\right)$, 于是有

$$\text{Res}[f(z),\infty]$$

$$= \frac{1}{2\pi i}\oint_{C^-} f(z)\,dz$$

$$= \frac{1}{2\pi i}\int_0^{-2\pi} f(\rho e^{i\theta})\rho i e^{i\theta}\,d\theta$$

$$= -\frac{1}{2\pi i}\int_0^{2\pi} f\left(\frac{1}{re^{i\varphi}}\right)\frac{1}{(re^{i\varphi})^2}\,d(re^{i\varphi})$$

$$= -\frac{1}{2\pi i}\oint_{|\zeta|=\frac{1}{\rho}} f\left(\frac{1}{\zeta}\right)\frac{1}{\zeta^2}\,d\zeta \qquad \left(|\zeta|=\frac{1}{\rho} \text{为正向}\right).$$

由于 $f(z)$ 在 $\rho<|z|<+\infty$ 内解析, 从而 $f\left(\frac{1}{\zeta}\right)$ 在 $0<|\zeta|<\frac{1}{\rho}$ 内解析, 因此 $f\left(\frac{1}{\zeta}\right)\frac{1}{\zeta^2}$ 在 $|\zeta|<\frac{1}{\rho}$ 内除 $\zeta=0$ 外没有其他奇点. 由留数定理, 得

$$\frac{1}{2\pi i}\oint_{|\zeta|=\frac{1}{\rho}} f\left(\frac{1}{\zeta}\right)\frac{1}{\zeta^2}\,d\zeta = \text{Res}\left[f\left(\frac{1}{\zeta}\right)\cdot\frac{1}{\zeta^2},0\right],$$

所以式 (5.2.6) 成立.

定理 5.2.2 与规则 IV 为我们提供了计算函数沿闭曲线积分的又一种方法, 在很多情况下, 它比利用上一段的方法更简便.

例 5.2.5 计算积分 $\oint_C \frac{z}{z^4-1}\,dz$, C 为正向圆周: $|z|=2$.

解 函数 $f(z)=\frac{e^z}{z(z-1)^2}$ 在圆域 $|z|=2$ 的外部, 除 ∞ 点外没有其他奇点, 因此根据定理 5.2.2 与规则 IV, 得

$$\oint_C \frac{z}{z^4-1}\,dz = -2\pi i\,\text{Res}[f(z),\infty]$$

$$= 2\pi i\,\text{Res}\left[f\left(\frac{1}{z}\right)\frac{1}{z^2},0\right]$$

$$= 2\pi i \operatorname{Res}\left[\frac{z}{1-z^4}, 0\right] = 0.$$

例 5.2.6 计算积分 $\oint_C \dfrac{\mathrm{d}z}{z(z+1)^4(z-4)}$，$C$ 为正向圆周：$|z|=2$.

解 除 ∞ 点外，被积函数 $f(z) = \dfrac{1}{z(z+1)^4(z-4)}$ 的奇点是 0，-1 与 4，所以有

$$\operatorname{Res}[f(z),0] + \operatorname{Res}[f(z),-1] + \operatorname{Res}[f(z),4] + \operatorname{Res}[f(z),\infty] = 0.$$

由于 0 与 -1 在 C 的内部，所以从上式、留数定理与规则Ⅳ可得

$$\oint_C \frac{\mathrm{d}z}{z(z+1)^4(z-4)}$$
$$= 2\pi i\{\operatorname{Res}[f(z),0] + \operatorname{Res}[f(z),-1]\}$$
$$= -2\pi i\{\operatorname{Res}[f(z),4] + \operatorname{Res}[f(z),\infty]\}$$
$$= -2\pi i\left\{\frac{1}{4\cdot 5^4} + 0\right\} = -\frac{\pi i}{1250}.$$

如果用上一段的方法，由于 -1 是四级极点，并且在 C 的内部，因而计算必然很烦琐.

习 题 五

A 类

1. 问 $z=0$ 是否为下列函数的孤立极点？

   (1) $ze^{\frac{1}{z}}$； (2) $\cot\dfrac{1}{z}$； (3) $\dfrac{1}{\sin z}$.

2. 下列函数有些什么奇点？如果是极点，指出它的级：

   (1) $\dfrac{1}{z(z^2+1)^2}$； (2) $\dfrac{\sin z}{z^3}$； (3) $\dfrac{\ln(z+1)}{z}$；

   (4) $\dfrac{z}{(1+z^2)(1+e^{\pi z})}$； (5) $e^{\frac{1}{z-1}}$； (6) $\dfrac{1}{e^z-1} - \dfrac{1}{z}$.

3. 确定函数 $f(z) = \dfrac{1}{z^3(e^{z^3}-1)}$ 的孤立奇点的类型.

4. 讨论 $z=\infty$ 是否为下列各函数的孤立奇点.

   (1) $\dfrac{\sin z}{1+z^2+z^3}$； (2) $\dfrac{1}{e^z-1}$.

5. 如果 $f(z)$ 和 $g(z)$ 是以 z_0 为零点的两个不恒等于零的解析函数，那么

   $$\lim_{z\to z_0}\frac{f(z)}{g(z)} = \lim_{z\to z_0}\frac{f'(z)}{g'(z)}\ (\text{或两端均为}\infty).$$

6. 求出函数 $f(z) = \cot z - \dfrac{1}{z}$ 的全部奇点，并确定其类型.

7. 函数 $f(z) = \dfrac{(e^z-1)^3(z-3)^4}{(\sin \pi z)^4}$ 在扩充复平面内有些什么类型的奇点？如果有极点，指出它的级．

8. 求下列函数在孤立奇点处的留数：

(1) $\dfrac{e^z-1}{z}$；　　(2) $\dfrac{z^7}{(z-2)(z^2+1)}$；　　(3) $\dfrac{z+1}{z^2-2z}$；

(4) $\dfrac{\sin 2z}{(z+1)^3}$；　　(5) $\dfrac{1}{z\sin z}$；　　(6) $\dfrac{\sh z}{\ch z}$．

9. 求函数 $f(z) = \sin \dfrac{z}{z+1}$ 在有限奇点的留数．

10. 设函数 $f(z)$ 在复平面上解析，$f(z) = \sum\limits_{n=0}^{\infty} a_n z^n$．求对任一正整数 k，函数 $\dfrac{f(z)}{z^k}$ 在点 $z=0$ 处的留数．

11. 设 $f(z)$ 与 $g(z)$ 在点 a 的邻域内解析并且 $f(a) \neq 0$，证明
(1) 若 a 是 $g(z)$ 的二级零点，则
$$\operatorname{Res}\left[\dfrac{f(z)}{g(z)},a\right] = \dfrac{6f'(a)g''(a) - 2f(a)g'''(a)}{3[g''(a)]^2};$$
(2) 若 a 是 $g(z)$ 的一级零点，则
$$\operatorname{Res}\left[\dfrac{f(z)}{g^2(z)},a\right] = \dfrac{f'(a)g'(a) - f(a)g''(a)}{[g'(a)]^3}.$$

12. 求函数 $f(z) = \dfrac{z^{13}}{(z^2-1)(z^3+1)}$ 在复平面上所有奇点留数的和．

13. 利用留数计算下列积分：

(1) $\int_{|z|=1} \dfrac{\mathrm{d}z}{z\sin z}$；　　(2) $\int_{|z|=2} \dfrac{e^{2z}}{(z-1)^2}\mathrm{d}z$；

(3) $\int_{|z|=\frac{3}{2}} \dfrac{e^z}{(z-1)(z+3)^2}\mathrm{d}z$；

(4) $\int_{|z|=2} \dfrac{1-\cos z}{z^m}\mathrm{d}z$（其中 m 为整数）；

(5) $\int_{|z|=1} \dfrac{\mathrm{d}z}{(z-a)^n(z-b)^n}$（$n$ 为正整数，$|a| \neq 1$，$|b| \neq 1$，$|a| < |b|$）；

(6) $\int_{|z|=3} \tan \pi z \mathrm{d}z$；　　(7) $\int_{|z|=1} \dfrac{z\sin z}{(1-e^z)^3}\mathrm{d}z$；

(8) $\oint_{|z-2|=\frac{1}{2}} \dfrac{z}{(z-1)(z-2)^2}\mathrm{d}z$．

14. 计算积分 $\oint_{|z|=1} \dfrac{2\mathrm{i}}{z^2+2az+1}\mathrm{d}z, a > 1$．

15. 计算积分 $\oint_{|z|=1} \dfrac{\tan \pi z}{z^3} \mathrm{d}z$.

16. 判定 $z=\infty$ 是下列各函数的什么奇点，并求出在 ∞ 的留数.

(1) $\sin z - \cos z$; (2) $z + \dfrac{1}{z}$; (3) $\dfrac{2z}{3+z^2}$.

17. 求下列积分，C 为正向圆周：

(1) $\oint_C \dfrac{z^{15}}{(z^2+1)(z^4+3)^3} \mathrm{d}z, C:|z|=3$;

(2) $\oint_C \dfrac{z^3}{1+z} e^{\frac{1}{z}} \mathrm{d}z, C:|z|=2$;

(3) $\oint_C \dfrac{z^{2n}}{1+z^n} \mathrm{d}z$ (n 为一正整数), $C:|z|=r>1$;

(4) $\oint_C \dfrac{1}{z^3(z^{10}-2)} \mathrm{d}z, C:|z|=2.$

18. 已知 $a \neq 0$, $f(z)=\dfrac{z-a}{z+a}$, 计算 $\oint_C \dfrac{f(z)}{z^{n+1}} \mathrm{d}z$, 其中 C 是圆域 $|z|<|a|$ 内围绕原点的任一正向简单闭曲线.

19. 证明：当 $|a|>e$ 时，方程 $e^z - az^n = 0$ 在单位圆内有 n 个根.

B 类

1. 试求下列函数的所有有限孤立奇点，并判断它们的类型.

(1) $f(z)=\dfrac{\sin 3z - 3\sin z}{\sin z(z-\sin z)}$; (2) $f(z)=\dfrac{z-\dfrac{\pi}{4}}{z(\sin z - \cos z)}$.

2. 求下列函数在所有孤立奇点处的留数.

(1) $\dfrac{z^2}{\cos z - 1}$; (2) $\dfrac{1}{\sin \dfrac{1}{z}}$.

3. 利用留数计算下列积分.

(1) $\oint_{|z|=2} \dfrac{\sin(z+\mathrm{i})}{z(z+\mathrm{i})^8} \mathrm{d}z$; (2) $\oint_{|z-\mathrm{i}|=1} \dfrac{2\cos z}{(e+e^{-1})(z-\mathrm{i})^3} \mathrm{d}z.$

4. 计算积分 $I=\dfrac{1}{2\pi \mathrm{i}} \oint_{|z|=2003} \dfrac{\mathrm{d}z}{(z-2)(z-4)(z-6)\cdots(z-2002)(z-2004)}.$

5. 设 $\varphi(z)$ 在 a 点解析，a 为 $f(z)$ 的一级极点且 $\mathrm{Res}[f(z),a]=A$，证明：

$$\mathrm{Res}\{[f(z)\cdot\varphi(z)],a\}=A\cdot\varphi(a).$$

第 6 章 傅里叶变换

【学习目标】

1. 掌握傅里叶级数的三角形式与指数形式.
2. 理解并记住傅里叶变换及逆变换的概念.
3. 掌握傅里叶变换的性质,理解卷积与卷积定理.
4. 了解单位脉冲函数的定义,熟练掌握单位脉冲函数的基本性质.
5. 会计算一些典型信号和简单函数的频谱.

6.1 傅里叶级数

6.1.1 傅里叶级数

我们首先从以 T 为周期的函数 $f_T(t)$ 的傅里叶级数展开式出发,讨论非周期函数的傅里叶级数展开式,然后得到傅里叶积分展开式.

定理 6.1.1 (收敛定理、狄利克雷条件) 设 $f(x)$ 是周期为 2π 的周期函数. 如果它满足:

(1) 在一个周期内连续或只有有限个第一类间断点;

(2) 在一个周期内至多有有限个极值点,

则 $f(x)$ 的傅里叶级数收敛,并且:当 x 是 $f(x)$ 的连续点时,级数收敛于 $f(x)$;当 x 是 $f(x)$ 的间断点时,级数收敛于 $\frac{1}{2}[f(x+0)+f(x-0)]$.

我们限制函数为以 T 为周期的函数 $f_T(t)$,如果在 $\left[-\frac{T}{2}, \frac{T}{2}\right]$ 上满足狄利克雷条件,那么在 $\left[-\frac{T}{2}, \frac{T}{2}\right]$ 上函数 $f_T(t)$ 就可以展开成傅里叶级数. 在 $f_T(t)$ 的连续点处,级数的三角形式为:

$$f_T(t) = \frac{a_0}{2} + \sum_{n=1}^{+\infty}(a_n\cos n\omega_0 t + b_n\sin n\omega_0 t), \quad (6.1.1)$$

其中,$\omega_0 = \frac{2\pi}{T}$,$\omega_0$ 为角频率(圆周率).

复变函数与积分变换

$$a_0 = \frac{2}{T}\int_{-\frac{\pi}{2}}^{\frac{\pi}{2}} f_T(t)\mathrm{d}t,$$

$$a_n = \frac{2}{T}\int_{-\frac{\pi}{2}}^{\frac{\pi}{2}} f_T(t)\cos n\omega_0 t\mathrm{d}t, n = 1,2,3,\cdots,$$

$$b_n = \frac{2}{T}\int_{-\frac{\pi}{2}}^{\frac{\pi}{2}} f_T(t)\sin n\omega_0 t\mathrm{d}t, n = 1,2,3,\cdots.$$

在间断点 t_0 处,式(6.1.1)左端为 $\frac{1}{2}[f_T(t_0+0)+f_T(t_0-0)]$.

将欧拉公式(其中由于电工学中用"i"表示电流强度,所以这里改用"j"表示虚数单位)

$$\cos n\omega_0 t = \frac{1}{2}(\mathrm{e}^{\mathrm{j}n\omega_0 t}+\mathrm{e}^{-\mathrm{j}n\omega_0 t}),\ \sin n\omega_0 t = \frac{\mathrm{j}}{2}(\mathrm{e}^{-\mathrm{j}n\omega_0 t}-\mathrm{e}^{\mathrm{j}n\omega_0 t})$$

代入式(6.1.1)得

$$f_T(t) = \frac{a_0}{2} + \sum_{n=1}^{+\infty}\left[\frac{a_n-\mathrm{j}b_n}{2}\mathrm{e}^{\mathrm{j}n\omega_0 t} + \frac{a_n+\mathrm{j}b_n}{2}\mathrm{e}^{-\mathrm{j}n\omega_0 t}\right].$$

令 $c_0 = \frac{a_0}{2},\ c_n = \frac{a_n-\mathrm{j}b_n}{2},\ c_{-n} = \frac{a_n+\mathrm{j}b_n}{2}(n=1,2,\cdots),$

再令 $\omega_n = n\omega_0(n=0,\pm1,\pm2,\cdots)$,则得到

$$f_T(t) = c_0 + \sum_{n=1}^{+\infty}[c_n\mathrm{e}^{\mathrm{j}\omega_n t} + c_{-n}\mathrm{e}^{-\mathrm{j}\omega_n t}] = \sum_{n=-\infty}^{+\infty} c_n\mathrm{e}^{\mathrm{j}\omega_n t}. \quad (6.1.2)$$

又由 $c_n = \frac{a_n-\mathrm{j}b_n}{2} = \frac{1}{T}\int_{-\frac{\pi}{2}}^{\frac{\pi}{2}} f_T(t)\mathrm{e}^{-\mathrm{j}\omega_n t}\mathrm{d}t,$

则式(6.1.2)可写为

$$f_T(t) = \frac{1}{T}\sum_{n=-\infty}^{+\infty}\left[\int_{-\frac{\pi}{2}}^{\frac{\pi}{2}} f_T(\tau)\mathrm{e}^{-\mathrm{j}\omega_n \tau}\mathrm{d}\tau\right]\mathrm{e}^{\mathrm{j}\omega_n t}, \quad (6.1.3)$$

其中 $\int_{-\frac{\pi}{2}}^{\frac{\pi}{2}} f_T(\tau)\mathrm{e}^{-\mathrm{j}\omega_n \tau}\mathrm{d}\tau$ 为确定的数,与 $\mathrm{e}^{-\mathrm{j}\omega_n t}$ 无关.

我们称式(6.1.1)为傅里叶级数的三角形式,而称式(6.1.2)与式(6.1.3)为傅里叶级数的复指数形式.

另一方面,我们也知道 $f_T(t)$ 的第 n 次谐波

$$a_n\cos n\omega_0 t + b_n\sin n\omega_0 t$$

的振幅为

$$A_n = \sqrt{a_n^2+b_n^2}\quad (n=1,2,\cdots),$$

它刻画了各次谐波的振幅随频率变化的分布情况. 这种分布情况在直角坐标系下的图形称为频谱图. 由于 A_n 的下标 n 取离散值,所以它的图形是不连续的,这种频谱图被称为离散谱. 再由式(6.1.2)中 c_n 与 a_n 及 b_n 的关系可知 $A_0 = 2|c_0|$, $A_n = 2|c_n|$. 离散谱清楚地刻画了 $f_T(t)$ 是由哪些频率的谐波分量叠加而成,以及各谐波分量所占的比重,这些是系统分析必不可少的.

第 6 章 傅里叶变换

例 6.1.1 求以 T 为周期的函数 $f_T(t) = \begin{cases} 0, & -\dfrac{T}{2} < t < 0, \\ 4, & 0 < t < \dfrac{T}{2} \end{cases}$ 的

离散频谱和它的傅里叶级数的复指数形式.

解 令 $\omega_0 = \dfrac{2\pi}{T}$,

当 $n = 0$ 时,$c_0 = \dfrac{1}{T}\int_{-\frac{T}{2}}^{\frac{T}{2}} f_T(t)\,\mathrm{d}t = \dfrac{1}{T}\int_0^{\frac{T}{2}} 4\,\mathrm{d}t = 2$,

当 $n \neq 0$ 时,$c_n = \dfrac{1}{T}\int_{-\frac{T}{2}}^{\frac{T}{2}} f_T(t)\mathrm{e}^{-\mathrm{j}n\omega_0 t}\,\mathrm{d}t$

$\qquad\qquad\quad = \dfrac{4}{T}\int_0^{\frac{T}{2}} \mathrm{e}^{-\mathrm{j}n\omega_0 t}\,\mathrm{d}t$

$\qquad\qquad\quad = \dfrac{2\mathrm{j}}{n\pi}(\mathrm{e}^{-\mathrm{j}n\pi} - 1) = \begin{cases} 0, & n \text{ 为偶数}, \\ -\dfrac{4\mathrm{j}}{n\pi}, & n \text{ 为奇数}. \end{cases}$

$f_T(t)$ 的傅里叶级数的复指数形式为

$$f_T(t) = 2 + \sum_{n=-\infty}^{n=+\infty} \dfrac{-4\mathrm{j}}{(2n-1)\pi}\mathrm{e}^{\mathrm{j}(2n-1)\omega_0 t}$$

$f_T(t)$ 的频谱 $A_0 = 2|c_0| = 4$,

$A_n = 2|c_n| = \begin{cases} 4, & n = 0, \\ 0, & n = \pm 2, \pm 4, \cdots, \\ \dfrac{8}{n\pi}, & n = \pm 1, \pm 3, \cdots. \end{cases}$

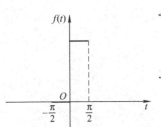

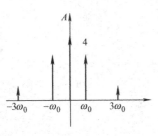

图 6.1.1

其图形如图 6.1.1 所示.

对于非周期函数来说,由于任何一个非周期函数 $f(t)$ 都可以看成是某个周期函数 $f_T(t)$ 当 $T \to +\infty$ 时转化而来的,即

$$f(t) = \lim_{T \to +\infty} f_T(t).$$

在这里,我们的推导过程只是形式上的推导,并不是严格的证明. 有关严格证明可以参考其他相关教材.

由式(6.1.3) 得

$$f(t) = \lim_{T \to +\infty} f_T(t) = \lim_{T \to +\infty} \sum_{n=-\infty}^{+\infty} \left[\dfrac{1}{T}\int_{-\frac{\pi}{2}}^{\frac{\pi}{2}} f_T(\tau)\mathrm{e}^{-\mathrm{j}\omega_n \tau}\,\mathrm{d}\tau\right]\mathrm{e}^{\mathrm{j}\omega_n t}.$$

将间隔 ω_0 记为 $\Delta\omega$,并由 $T = \dfrac{2\pi}{\omega_0} = \dfrac{2\pi}{\Delta\omega}$,得

$$f(t) = \dfrac{1}{2\pi}\lim_{\Delta\omega \to 0}\sum_{n=-\infty}^{+\infty}\left[\int_{-\frac{\pi}{\Delta\omega}}^{\frac{\pi}{\Delta\omega}} f_T(\tau)\mathrm{e}^{-\mathrm{j}\omega_n \tau}\,\mathrm{d}\tau \cdot \mathrm{e}^{\mathrm{j}\omega_n t}\right]\Delta\omega.$$

这是一个和式的极限,按照积分定义,在一定条件下,上式可以写为

$$f(t) = \dfrac{1}{2\pi}\int_{-\infty}^{+\infty}\left[\int_{-\infty}^{+\infty} f(\tau)\mathrm{e}^{-\mathrm{j}\omega\tau}\,\mathrm{d}\tau\right]\mathrm{e}^{\mathrm{j}\omega t}\,\mathrm{d}\omega.$$

6.1.2 傅氏积分

由前面得到的结论我们可以得到以下的定理:

定理 6.1.2 (傅氏积分定理) 若函数 $f(t)$ 在区间 $(-\infty, +\infty)$ 上满足下列条件:

(1) $f(t)$ 在任一有限区间上满足狄利克雷条件;

(2) $f(t)$ 在区间 $(-\infty, +\infty)$ 上绝对可积(即 $\int_{-\infty}^{+\infty} |f(t)| \mathrm{d}t < +\infty$),则有

$$f(t) = \frac{1}{2\pi} \int_{-\infty}^{+\infty} \left[\int_{-\infty}^{+\infty} f(\tau) \mathrm{e}^{-\mathrm{j}\omega\tau} \mathrm{d}\tau \right] \mathrm{e}^{\mathrm{j}\omega t} \mathrm{d}\omega \qquad (6.1.4)$$

成立,而左端的 $f(t)$ 在它的间断点 t 处,应为 $\frac{1}{2}[f(t+0) + f(t-0)]$.

这个定理的证明从略.

我们称式(6.1.4)为傅里叶积分,简称傅氏积分.值得注意的是傅氏积分中的广义积分是柯西意义下的主值,当广义积分收敛时它的主值就是它的值.

在这里式(6.1.4)是 $f(t)$ 的傅氏积分公式的复指数形式,由欧拉公式可得

$$f(t) = \frac{1}{2\pi} \int_{-\infty}^{+\infty} \left[\int_{-\infty}^{+\infty} f(\tau) \mathrm{e}^{-\mathrm{j}\omega\tau} \mathrm{d}\tau \right] \mathrm{e}^{\mathrm{j}\omega t} \mathrm{d}\omega$$

$$= \frac{1}{2\pi} \int_{-\infty}^{+\infty} \left[\int_{-\infty}^{+\infty} f(\tau) \mathrm{e}^{\mathrm{j}\omega(t-\tau)} \mathrm{d}\tau \right] \mathrm{d}\omega$$

$$= \frac{1}{2\pi} \int_{-\infty}^{+\infty} \left[\int_{-\infty}^{+\infty} f(\tau) \cos\omega(t-\tau) \mathrm{d}\tau + \mathrm{j} \int_{-\infty}^{+\infty} f(\tau) \sin\omega(t-\tau) \mathrm{d}\tau \right] \mathrm{d}\omega.$$

由于积分 $\int_{-\infty}^{+\infty} f(\tau) \sin\omega(t-\tau) \mathrm{d}\tau$ 是 ω 的奇函数,有 $\int_{-\infty}^{+\infty} f(\tau) \sin\omega(t-\tau) \mathrm{d}\tau = 0$,从而

$$f(t) = \frac{1}{2\pi} \int_{-\infty}^{+\infty} \left[\int_{-\infty}^{+\infty} f(\tau) \cos\omega(t-\tau) \mathrm{d}\tau \right] \mathrm{d}\omega. \qquad (6.1.5)$$

又由于积分 $\int_{-\infty}^{+\infty} f(\tau) \cos\omega(t-\tau) \mathrm{d}\tau$ 是 ω 的偶函数,有 $\int_{-\infty}^{+\infty} f(\tau) \sin\omega(t-\tau) \mathrm{d}\tau = 0$,从而

$$f(t) = \frac{1}{\pi} \int_{0}^{+\infty} \left[\int_{-\infty}^{+\infty} f(\tau) \cos\omega(t-\tau) \mathrm{d}\tau \right] \mathrm{d}\omega. \qquad (6.1.6)$$

称式(6.1.5)与式(6.1.6)为 $f(t)$ 的傅氏积分公式的三角形式.

第 6 章 傅里叶变换

例 6.1.2 已知单个方脉冲函数为 $f(t) = \begin{cases} E, & -\dfrac{\tau}{2} < t < \dfrac{\tau}{2} \\ 0, & \text{其他}, \end{cases}$

$(\tau, E > 0)$，求 $f(t)$ 的傅氏积分．

解 函数 $f(t)$ 满足傅氏积分定理的条件，所以

$$f(t) = \frac{1}{2\pi} \int_{-\infty}^{+\infty} \left[\int_{-\infty}^{+\infty} f(t) e^{-j\omega t} dt \right] e^{j\omega t} d\omega$$

$$= \frac{1}{2\pi} \int_{-\infty}^{+\infty} \left[\int_{-\frac{\tau}{2}}^{+\frac{\tau}{2}} E e^{-j\omega t} dt \right] e^{j\omega t} d\omega$$

$$= \frac{E}{\pi} \int_{-\infty}^{+\infty} \frac{\sin\dfrac{\omega t}{2}}{\omega} e^{j\omega t} d\omega.$$

6.2 傅里叶变换的概念

6.2.1 傅氏变换的定义

由 6.1 节的傅氏积分公式，可以得出下面的定义：

定义 6.2.1 若函数 $f(t)$ 满足傅氏积分定理中的条件，则令

$$F(\omega) = \int_{-\infty}^{+\infty} f(t) e^{-j\omega t} dt, \quad (6.2.1)$$

$$f(t) = \frac{1}{2\pi} \int_{-\infty}^{+\infty} F(\omega) e^{j\omega t} d\omega. \quad (6.2.2)$$

称式 (6.2.1) 为 $f(t)$ 的傅氏变换式，记为 $F(\omega) = F[f(t)]$．称函数 $F(\omega)$ 为 $f(t)$ 的傅氏变换，$F(\omega)$ 叫作 $f(t)$ 的像函数．式 (6.2.2) 叫作 $F(\omega)$ 的傅氏逆变换式，记为 $f(t) = F^{-1}[F(\omega)]$．称函数 $f(t)$ 为 $F(\omega)$ 的傅氏逆变换，$f(t)$ 叫作 $F(\omega)$ 的像原函数．像函数 $F(\omega)$ 与像原函数 $f(t)$ 构成了一个傅氏变换对．

由于傅氏变换是定义在傅氏积分定理的基础上的，因此傅氏积分定理的条件，也就是函数 $f(t)$ 的傅氏变换存在的充分条件．换句话说，只要函数 $f(t)$ 满足傅氏积分定理的条件，则 $F(\omega)$ 存在，且 $f(t)$ 与 $F(\omega)$ 可通过相应的积分互相表达，但是要略去间断点式 (6.2.2) 才成立．

由式 (6.2.2)，可知非周期函数与周期函数一样，也由许多不同频谱合成，所不同的是，非周期函数包含了从零到无穷大的所有频率分量．非周期函数 $f(t)$ 的傅氏变换 $F(\omega) = F[f(t)]$ 称为 $f(t)$ 的频谱函数，其模 $|F(\omega)|$ 称为 $f(t)$ 的频谱．它是频率 ω 的连续函数．谱线（$|F(\omega)|$ 的图像）是连续变化的，所以称为连续谱，在工程实际中有广泛的应用．

例 6.2.1 求函数 $\varphi(t) = \begin{cases} 1, & |t| < c, \\ 0, & |t| > c \end{cases}$ 的傅氏变换.

解 由定义 $\phi(\omega) = \int_{-\infty}^{+\infty} \varphi(t) e^{-j\omega t} dt$

$$= \int_{-c}^{c} e^{-j\omega t} dt$$

$$= 2\int_{0}^{c} \cos\omega t \, dt$$

$$= \begin{cases} \dfrac{2\sin\omega c}{\omega}, & \omega \neq 0, \\ 2c, & \omega = 0. \end{cases}$$

例 6.2.2 求单边指数衰减函数 $f(t) = \begin{cases} e^{-\alpha t}, & t \geq 0, \\ 0, & t < 0 \end{cases} (\alpha > 0)$
的傅氏变换及其积分表达式与频谱图.

解 由定义 $F(\omega) = F[f(t)] = \int_{-\infty}^{+\infty} f(t) e^{-j\omega t} dt$

$$= \int_{0}^{+\infty} e^{-(\alpha + j\omega)t} dt$$

$$= \frac{1}{\alpha + j\omega} = \frac{(\alpha - j\omega)}{\alpha^2 + \omega^2},$$

$f(t)$ 的傅氏变换为 $F(\omega) = \dfrac{\alpha - j\omega}{\alpha^2 + \omega^2}$.

$$f(t) = F^{-1}[F(\omega)] = \frac{1}{2\pi} \int_{-\infty}^{+\infty} F(\omega) e^{j\omega t} d\omega$$

$$= \frac{1}{2\pi} \int_{-\infty}^{+\infty} \frac{\beta - j\omega}{\beta^2 + \omega^2} e^{j\omega t} d\omega$$

$$= \frac{1}{2\pi} \int_{-\infty}^{+\infty} \frac{\beta\cos\omega t + \omega\sin\omega t}{\beta^2 + \omega^2} d\omega$$

$$= \frac{1}{\pi} \int_{0}^{+\infty} \frac{\beta\cos\omega t + \omega\sin\omega t}{\beta^2 + \omega^2} d\omega.$$

顺便,我们还得到了一个含参量广义积分的结果

$$\int_{0}^{+\infty} \frac{\beta\cos\omega t + \omega\sin\omega t}{\beta^2 + \omega^2} d\omega = \begin{cases} 0, & t < 0, \\ \dfrac{\pi}{2}, & t = 0, \\ \pi e^{-\beta t}, & t > 0. \end{cases}$$

又由于 $F(\omega) = \dfrac{\alpha - j\omega}{\alpha^2 + \omega^2}$,所以 $|F(\omega)| = \dfrac{1}{\sqrt{\alpha^2 + \omega^2}}$ 的连续谱如图 6.2.1 所示.

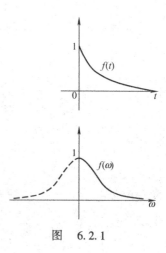

图 6.2.1

6.2.2 单位脉冲函数及其傅氏变换

工程上,一些物理、力学现象具有脉冲性质.它反映出除了连续分布的量外,还有集中于一点或一瞬间的量,如冲力、脉冲电压、

点电荷、质点的质量等. 在研究线性电路受到具有脉冲性质的电势作用后所产生的电流, 研究机械系统受到冲击力作用后的运动规律, 研究质点的质量等问题时, 就需要引入单位脉冲函数, 把这种集中的量与连续分布的量统一处理. 单位脉冲函数, 又称狄利克雷函数, 记为 δ-函数, 便是用来描述这种集中的分布密度函数.

1. 单位脉冲函数的概念及性质

定义 6.2.2 如果一个函数满足

(1) $\delta(t) = \begin{cases} 0, & t \neq 0, \\ \infty, & t = 0, \end{cases}$

(2) $\int_{-\infty}^{+\infty} \delta(t) \mathrm{d}t = 1,$ \hfill (6.2.3)

则该函数称为 δ-函数, 并记为 $\delta(t)$.

从定义看出 δ-函数不是普通高等数学中的函数, 不能按"逐点对应"的普通函数来理解 δ-函数. 要想真正正确地理解 δ-函数, 就必须去学具有严格数学基础的广义函数理论. 但这一部分已超出工科数学大纲. 为了便于学习, 我们可以把 δ-函数看作是弱收敛函数序列的弱极限.

若令 $\delta_\varepsilon(t) = \begin{cases} \dfrac{1}{\varepsilon}, & 0 \leqslant t \leqslant \varepsilon, \\ 0, & \text{其他}, \end{cases}$ 则 $\delta_\varepsilon(t)$ 的弱极限为 δ-函数.

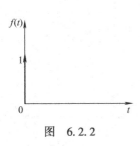

图 6.2.2

有时可将 δ-函数直观地理解为 $\delta(t) = \lim\limits_{\varepsilon \to 0} \delta_\varepsilon(t)$. 对任意 $\varepsilon > 0$, 显然有 $\int_{-\infty}^{+\infty} \delta(t) \mathrm{d}t = \lim\limits_{\varepsilon \to 0} \int_0^\varepsilon \dfrac{1}{\varepsilon} \mathrm{d}t = 1$.

工程上, 一般地将 δ-函数称为单位脉冲函数, 将 δ-函数用一个长度等于 1 的有向线段来表示 (如图 6.2.2 所示), 该线段的长度表示 δ-函数的积分值, 称为 δ-函数的强度.

例 6.2.3 设有长度为 ε 的均匀细杆放在 x 轴的 $[0, \varepsilon]$ 区间上, 其质量为 m, 用 $\rho_\varepsilon(x)$ 表示它的线密度, 则有

$$\rho_\varepsilon(x) = \begin{cases} \dfrac{m}{\varepsilon}, & 0 \leqslant x < \varepsilon, \\ 0, & \text{其他}. \end{cases} \quad (6.2.4)$$

如果有一个质量为 m 的质点放置在坐标原点, 则可以认为它相当于上面的细杆取 $\varepsilon \to 0$ 的结果. 按式 (6.2.4), 则质点的密度函数 $\rho(x)$ 为

$$\rho(x) = \lim\limits_{\varepsilon \to 0} \rho_\varepsilon(x) = \begin{cases} \infty, & x = 0, \\ 0, & x \neq 0, \end{cases}$$

由 δ-函数的定义可得质点的密度函数为 $\rho(x) = m\delta(x)$.

下面介绍 δ-函数的一些性质 (证明从略).

性质 6.2.1（筛选性质） 设 $f(t)$ 是定义在实数域 **R** 上的有界函数，且在 $t=0$ 处连续，则

$$\int_{-\infty}^{+\infty} \delta(t)f(t)\mathrm{d}t = f(0). \tag{6.2.5}$$

一般地，若 $f(t)$ 在 $t=t_0$ 点连续，则

$$\int_{-\infty}^{+\infty} \delta(t-t_0)f(t)\mathrm{d}t = f(t_0).$$

注 式(6.2.5)给出了 δ-函数与其他函数运算的关系，也用来筛选某个函数是否为 δ-函数.

性质 6.2.2 δ-函数是偶函数，即 $\delta(t)=\delta(-t)$.

性质 6.2.3 设 $u(t)=\begin{cases}1, & t>0,\\ 0, & t<0,\end{cases}$ 则有 $\int_{-\infty}^{t}\delta(t)\mathrm{d}t = u(t)$，$\dfrac{\mathrm{d}u(t)}{\mathrm{d}t}=\delta(t)$.

性质 6.2.4 若 $f(t)$ 为无穷次可微函数，则有

$$\int_{-\infty}^{+\infty} \delta'(t)f(t)\mathrm{d}t = -f'(0), \quad 一般地，\int_{-\infty}^{+\infty} \delta^{(n)}(t)f(t)\mathrm{d}t = -f^{(n)}(0).$$

2. 单位脉冲函数的傅里叶变换

由傅里叶变换与 δ-函数的定义，可以得出 δ-函数的傅氏变换为

$$F(\omega) = F[\delta(t)] = \int_{-\infty}^{+\infty}\delta(t)\mathrm{e}^{-\mathrm{j}\omega t}\mathrm{d}t = \mathrm{e}^{-\mathrm{j}\omega t}\big|_{t=0} = 1.$$

单位脉冲函数 $\delta(t)$ 与常数 1 构成了一个傅氏变换对. 同理，$\delta(t-t_0)$ 和 $\mathrm{e}^{-\mathrm{j}\omega_0 t}$ 也构成了一个傅氏变换对.

我们也可以得到以后常用的两个广义积分结果

$$\int_{-\infty}^{+\infty}\mathrm{e}^{\mathrm{j}\omega t}\mathrm{d}\omega = 2\pi\delta(t), \tag{6.2.6}$$

$$\int_{-\infty}^{+\infty}\mathrm{e}^{\mathrm{j}\omega(t-t_0)}\mathrm{d}\omega = 2\pi\delta(t-t_0). \tag{6.2.7}$$

例 6.2.4 试证单位阶跃函数 $u(t)=\begin{cases}1, & t>0,\\ 0, & t<0,\end{cases}$ 的傅氏变换为 $\dfrac{1}{\mathrm{j}\omega}+\pi\delta(\omega)$.

证明 设 $F(\omega)=\dfrac{1}{\mathrm{j}\omega}+\pi\delta(\omega)$，$f(t)=F^{-1}[F(\omega)]$，则

$$f(t) = \frac{1}{2\pi}\int_{-\infty}^{+\infty}\left[\frac{1}{\mathrm{j}\omega}+\pi\delta(\omega)\right]\mathrm{e}^{\mathrm{j}\omega t}\mathrm{d}\omega$$

$$= \frac{1}{2}\int_{-\infty}^{+\infty}\delta(\omega)\mathrm{e}^{\mathrm{j}\omega t}\mathrm{d}\omega + \frac{1}{2\pi}\int_{-\infty}^{+\infty}\frac{1}{\mathrm{j}\omega}\mathrm{e}^{\mathrm{j}\omega t}\mathrm{d}\omega$$

$$= \frac{1}{2}+\frac{1}{\pi}\int_{0}^{+\infty}\frac{\sin\omega t}{\omega}\mathrm{d}\omega.$$

利用狄利克雷积分 $\int_0^{+\infty} \frac{\sin\omega}{\omega}\mathrm{d}\omega = \frac{\pi}{2}$,则有

$$\int_0^{+\infty} \frac{\sin\omega t}{\omega}\mathrm{d}\omega = \begin{cases} -\frac{\pi}{2}, & t < 0, \\ 0, & t = 0, \\ \frac{\pi}{2}, & t > 0. \end{cases}$$

所以有 $f(t) = u(t) = \begin{cases} 1, & t > 0, \\ 0, & t < 0. \end{cases}$

例 6.2.5 求 $f(t) = \cos\omega_0 t$ 的傅氏变换.

解 由傅氏变换的定义可得

$$\begin{aligned} F(\omega) = F[f(t)] &= \int_{-\infty}^{+\infty} \mathrm{e}^{-j\omega t}\cos\omega_0 t\,\mathrm{d}t \\ &= \int_{-\infty}^{+\infty} \frac{1}{2}(\mathrm{e}^{j\omega_0 t} + \mathrm{e}^{-j\omega_0 t})\mathrm{e}^{-j\omega t}\mathrm{d}t \\ &= \frac{1}{2}\int_{-\infty}^{+\infty}(\mathrm{e}^{-(\omega-\omega_0)jt} + \mathrm{e}^{-(\omega+\omega_0)jt})\mathrm{d}t \\ &= \pi[\delta(\omega-\omega_0) + \delta(\omega+\omega_0)]. \end{aligned}$$

通过以上讨论我们知道,δ-函数使得在普通意义下一些不存在的积分有了确定的数值,利用 δ-函数及其傅氏变换可以很方便地得到工程技术上许多重要函数的傅氏变换. 在这里我们讨论 δ-函数的主要目的是为读者提供一个有用的数学工具,而要对 δ-函数深入研究还需要阅读有关的参考书.

6.3 傅氏变换的性质

本节为了叙述方便,假定在傅氏变换的性质证明过程中需要进行傅氏变换的函数都满足傅氏积分定理中的条件,在证明的过程中不再重复说明.

6.3.1 傅氏变换的基本性质

1. 线性性质

设 $F(\omega) = F[f(t)]$,$G(\omega) = F[g(t)]$,α,β 为常数,则
$$F[\alpha f(t) + \beta g(t)] = \alpha F(\omega) + \beta G(\omega),$$
$$F^{-1}[\alpha F(\omega) + \beta G(\omega)] = \alpha f(t) + \beta g(t).$$

2. 位移性质

设 $F(\omega) = F[f(t)]$,t_0,ω_0 为实常数,则

$$F[f(t \pm t_0)] = e^{\pm j\omega t_0} F(\omega), \quad (6.3.1)$$

$$F^{-1}[F(\omega \mp \omega_0)] = e^{\pm j\omega_0 t} f(t). \quad (6.3.2)$$

证明 $F[f(t \pm t_0)] = \int_{-\infty}^{+\infty} f(t \pm t_0) e^{-j\omega t} dt$

(令 $t \pm t_0 = u$) $= \int_{-\infty}^{+\infty} f(u) e^{-j\omega(u \mp t_0)} du$

$= e^{\pm j\omega t_0} \int_{-\infty}^{+\infty} f(u) e^{-j\omega u} du$

$= e^{\pm j\omega t_0} F[f(t)].$

同理可证式(6.3.2)

例 6.3.1 求 $f(t) = \begin{cases} 0, & t < 0, \\ 3e^{-2t} + 2e^{-3t}, & t \geq 0 \end{cases}$ 的傅氏变换.

解 设 $f_1(t) = \begin{cases} 0, & t < 0, \\ e^{-2t}, & t \geq 0, \end{cases}$ $f_2(t) = \begin{cases} 0, & t < 0, \\ e^{-3t}, & t \geq 0, \end{cases}$

则有 $F[f_1(t)] = \dfrac{1}{2+j\omega}$, $F[f_2(t)] = \dfrac{1}{3+j\omega}$,

从而 $F[f(t)] = 3F[f_1(t)] + 2F[f_2(t)] = \dfrac{3}{2+j\omega} + \dfrac{2}{3+j\omega}$.

例 6.3.2 已知 $G(\omega) = \dfrac{1}{\beta + j(\omega + \omega_0)}$ ($\beta > 0$, ω_0 为常数), 求 $g(t) = F^{-1}[G(\omega)]$.

解 由式(6.3.2)与例6.2.2的结果,可得

$$g(t) = F^{-1}[G(\omega)] = e^{-j\omega_0 t} \cdot F^{-1}\left(\dfrac{1}{\beta + j\omega}\right)$$

$$= \begin{cases} e^{-(\beta + j\omega_0)t}, & t \geq 0, \\ 0, & t < 0. \end{cases}$$

3. 相似性质

设 $F(\omega) = F[f(t)]$, a 为非零常数, 则

$$F[f(at)] = \dfrac{1}{|a|} F\left(\dfrac{\omega}{a}\right). \quad (6.3.3)$$

证明 $F[f(at)] = \int_{-\infty}^{+\infty} f(at) e^{-j\omega t} dt$, 令 $x = at$, 则有

当 $a > 0$ 时, $F[f(at)] = \dfrac{1}{a} \int_{-\infty}^{+\infty} f(x) e^{-j\frac{\omega}{a} t} dt = \dfrac{1}{a} F\left(\dfrac{\omega}{a}\right);$

当 $a < 0$ 时, $F[f(at)] = \dfrac{1}{a} \int_{+\infty}^{-\infty} f(x) e^{-j\frac{\omega}{a} t} dt = -\dfrac{1}{a} F\left(\dfrac{\omega}{a}\right).$

综上得 $F[f(at)] = \dfrac{1}{|a|} F\left(\dfrac{\omega}{a}\right).$

该性质的物理意义说明,若函数(或信号)被压缩或扩展 ($a > 1$ 或 $a < 1$),则其频谱被扩展或压缩.

由相似性质又可得到以下的推论.

推论 6.3.1（翻转性质）若 $F(\omega)=F[f(t)]$，则有
$$F(-\omega)=F[f(-t)].$$

4. 微分性质

如果 $\lim\limits_{|t|\to+\infty}f(t)=0$，则
$$F[f'(t)]=\mathrm{j}\omega F[f(t)] \tag{6.3.4}$$

一般地，如果 $\lim\limits_{|t|\to+\infty}f^{(k)}(t)=0\,(k=0,1,2\cdots,n-1)$，则
$$F[f^{(n)}(t)]=(\mathrm{j}\omega)^n F[f(t)]. \tag{6.3.5}$$

证明
$$\begin{aligned}F[f'(t)]&=\int_{-\infty}^{+\infty}f'(t)\mathrm{e}^{-\mathrm{j}\omega t}\mathrm{d}t\\&=f(t)\mathrm{e}^{-\mathrm{j}\omega t}\Big|_{-\infty}^{+\infty}+\mathrm{j}\omega\int_{-\infty}^{+\infty}f(t)\mathrm{e}^{-\mathrm{j}\omega t}\mathrm{d}t\\&=(\mathrm{j}\omega)^n F[f(t)].\end{aligned}$$

其中，当 $|t|\to+\infty$ 时，$|f(t)\mathrm{e}^{-\mathrm{j}\omega t}|=|f(t)|\to 0$，即 $f(t)\mathrm{e}^{-\mathrm{j}\omega t}\to 0$.

同理，由像函数的导数公式，设 $F(\omega)=F[f(t)]$

则
$$\frac{\mathrm{d}}{\mathrm{d}\omega}F(\omega)=F[-\mathrm{j}tf(t)],$$

一般地，有
$$\frac{\mathrm{d}^n}{\mathrm{d}\omega^n}F(\omega)=F[(-\mathrm{j}t)^n f(t)].$$

例 6.3.3 已知函数 $f(t)=\begin{cases}0,&t<0,\\ \mathrm{e}^{-\beta t},&t\geq 0\end{cases}\,(\beta>0)$，试求 $F[tf(t)]\,F[t^2 f(t)]$.

解 由 $F(\omega)=F[f(t)]=\dfrac{1}{\beta+\mathrm{j}\omega}$，

利用像函数的导数公式有
$$F[tf(t)]=\mathrm{j}\frac{\mathrm{d}}{\mathrm{d}\omega}F(\omega)=\frac{1}{(\beta+\mathrm{j}\omega)^2},$$
$$F[t^2 f(t)]=\mathrm{j}^2\frac{\mathrm{d}^2}{\mathrm{d}\omega^2}F(\omega)=\frac{2}{(\beta+\mathrm{j}\omega)^3}.$$

5. 积分性质

设 $g(t)=\int_{-\infty}^{t}f(t)\mathrm{d}t$，若 $\lim\limits_{t\to+\infty}g(t)=0$，则 $F[g(t)]=\dfrac{1}{\mathrm{j}\omega}F[f(t)]$.

证明 由于 $g'(t)=f(t)$，则由式(6.3.4) 有
$$F[f(t)]=F[g'(t)]=\mathrm{j}\omega F[g(t)],$$
即 $F[g(t)]=\dfrac{1}{\mathrm{j}\omega}F[f(t)]$.

性质 5 表明一个函数积分后的傅氏变换等于这个函数的傅氏变换除以因子 $\mathrm{j}\omega$.

6.3.2 卷积与卷积定理

1. 卷积

定义 6.3.1 若已知函数 $f_1(t)$, $f_2(t)$, 称积分 $\int_{-\infty}^{+\infty} f_1(\tau) f_2(t-\tau) d\tau$ 为函数 $f_1(t)$ 与 $f_2(t)$ 的卷积, 记为 $f_1(t) * f_2(t)$, 即

$$f_1(t) * f_2(t) = \int_{-\infty}^{+\infty} f_1(\tau) f_2(t-\tau) d\tau.$$

根据卷积定义, 容易证明卷积有以下性质:
(1) 交换律 $f_1(t) * f_2(t) = f_2(t) * f_1(t)$;
(2) 结合律 $f_1(t) * [f_2(t) * f_3(t)] = [f_1(t) * f_2(t)] * f_3(t)$;
(3) 分配律 $f_1(t) * [f_2(t) + f_3(t)] = f_1(t) * f_2(t) + f_1(t) * f_3(t)$;
(4) $|f_1(t) * f_2(t)| \leq |f_1(t)| * |f_2(t)|$.

以上性质证明从略.

例 6.3.4 已知 $f_1(t) = \begin{cases} 0, & t < 0, \\ 1, & t \geq 0, \end{cases}$ $f_2(t) = \begin{cases} 0, & t < 0, \\ e^{-t}, & t \geq 0, \end{cases}$

求 $f_1(t)$ 与 $f_2(t)$ 的卷积.

解 当 $t \leq 0$ 时, $f_1(t) * f_2(t) = \int_{-\infty}^{+\infty} f_1(\tau) f_2(t-\tau) d\tau = 0$;

当 $t > 0$ 时, $f_1(t) * f_2(t) = \int_{-\infty}^{+\infty} f_1(\tau) f_2(t-\tau) d\tau$

$$= \int_0^t 1 \cdot e^{-(t-\tau)} d\tau$$

$$= e^{-t} \int_0^t e^{\tau} d\tau$$

$$= 1 - e^{-t}.$$

综上, $f_1(t) * f_2(t) = \begin{cases} 0, & t \leq 0, \\ 1 - e^{-t}, & t > 0. \end{cases}$

例 6.3.5 已知 $f(t) = t^2 u(t)$, $g(t) = \begin{cases} 1, & |t| \leq 1, \\ 0, & |t| > 1, \end{cases}$ 求 $f(t)$ 与 $g(t)$ 的卷积.

解 如图 6.3.1 所示, 当 $t < -1$ 时, $f(t) * g(t) = 0$;

当 $-1 \leq t \leq 1$ 时, $f(t) * g(t) = \int_{-1}^{t} 1 \cdot (t-\tau)^2 d\tau = \frac{1}{3}(t+1)^3$;

当 $t > 1$ 时, $f(t) * g(t) = \int_{-1}^{1} 1 \cdot (t-\tau)^2 d\tau = \frac{1}{3}(6t^2 + 2)$,

综上 $f(t) * g(t) = \begin{cases} 0, & t < -1, \\ \dfrac{(t+1)^3}{3}, & -1 \leq t \leq 1, \\ \dfrac{6t^2 + 2}{3}, & t > 1. \end{cases}$

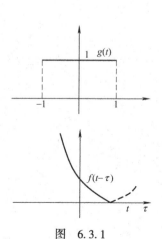

图 6.3.1

例 6.3.6 求证 $f(t) * \delta(t-t_0) = f(t-t_0)$.

证明 根据 δ-函数的定义，有

$$f(t) * \delta(t-t_0) = \int_{-\infty}^{+\infty} f(\tau)\delta(t-\tau-t_0)d\tau$$

$$= \int_{-\infty}^{+\infty} f(\tau)\delta[-(\tau-t+t_0)]d\tau$$

$$= \int_{-\infty}^{+\infty} f(\tau)\delta(\tau-t+t_0)d\tau$$

$$= f(t-t_0).$$

2. 卷积定理

定理 6.3.1 设 $F_1[\omega] = F[f_1(t)]$, $F_2[\omega] = F[f_2(t)]$，则有

$$F[f_1(t) * f_2(t)] = F_1(\omega) \cdot F_2(\omega),$$

$$F[f_1(t) \cdot f_2(t)] = \frac{1}{2\pi} F_1(\omega) * F_2(\omega). \qquad (6.3.6)$$

(证明留给读者)

即两个函数乘积的傅氏变换等于这两个函数傅氏变换的卷积除以 2π. 利用卷积定理可以简化卷积计算及某些函数的傅氏变换.

例 6.3.7 已知 $f(t) = \sin\omega_0 t \cdot u(t)$，求 $F[f(t)]$.

解 $F[\sin\omega_0 t \cdot u(t)] = \frac{1}{2\pi} F[\sin\omega_0 t] * F[u(t)]$,

由傅氏变换可得 $F[\sin\omega_0 t] = j\pi[\delta(\omega+\omega_0) - \delta(\omega-\omega_0)]$,

$$F[u(t)] = \frac{1}{j\omega} + \pi\delta(\omega).$$

又因为 $f(t) * \delta(t-t_0) = f(t-t_0)$，所以

$$F[\sin\omega_0 t \cdot u(t)] = \frac{1}{2\pi} j\pi[\delta(\omega+\omega_0) - \delta(\omega-\omega_0)] * \left[\frac{1}{j\omega} + \pi\delta(\omega)\right]$$

$$= \frac{j}{2}\left[\delta(\omega+\omega_0) * \frac{1}{j\omega} + \delta(\omega+\omega_0) * \pi\delta(\omega) - \delta(\omega-\omega_0) * \frac{1}{j\omega} - \delta(\omega-\omega_0) * \pi\delta(\omega)\right]$$

$$= \frac{j}{2}\left[\frac{1}{j(\omega+\omega_0)} + \pi\delta(\omega+\omega_0) - \frac{1}{j(\omega-\omega_0)} - \pi\delta(\omega-\omega_0)\right]$$

$$= \frac{\omega_0}{\omega_0^2 - \omega^2} + \frac{j\pi}{2}[\delta(\omega+\omega_0) - \delta(\omega-\omega_0)].$$

6.4 傅氏变换的应用

傅氏变换在数学及工程技术方面都有着广泛的应用，在信号处理方面是最基本的分析和处理工具. 在 6.1 节和 6.2 节中我们已经介绍了离散频谱与连续频谱的相关知识，本节中就不再予以介绍. 傅氏变换也主要应用于解线性的微分方程、积分方程、微分积分方程，将它们转化为代数方程，待解出代数方程后再利用傅氏变换得到原方程的解.

例 6.4.1 求具有电动势 $f(t)$ 的 LRC 电路，如图 6.4.1 所示的电流. 其中，L 是电感，R 是电阻，C 是电容，$f(t)$ 是电动势.

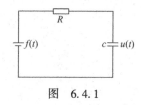

图 6.4.1

解 设 $I(t)$ 表示电路在 t 时刻的电流，根据基尔霍夫定律 $I(t)$ 适合如下积分、微分方程

$$L\frac{\mathrm{d}I}{\mathrm{d}t} + RI + \frac{1}{C}\int_{-\infty}^{t} I\mathrm{d}t = f(t). \tag{6.4.1}$$

对式(6.4.1) 两端对 t 求导，得

$$L\frac{\mathrm{d}^2 I}{\mathrm{d}t^2} + R\frac{\mathrm{d}I}{\mathrm{d}t} + \frac{1}{C}I = f'(t). \tag{6.4.2}$$

再利用傅氏变换的性质对式(6.4.2) 两端取傅氏变换，并记

$$I(\omega) = F[I(t)], \quad F[\omega] = F[f(t)],$$

有

$$-L\omega^2 I(\omega) + R(\mathrm{j}\omega)I(\omega) + \frac{1}{C}I(\omega) = \mathrm{j}\omega F(\omega),$$

从而

$$I(\omega) = \frac{\mathrm{j}\omega F(\omega)}{R\mathrm{j}\omega + \frac{1}{C} - L\omega^2},$$

再求其傅氏逆变换，有

$$I(t) = F^{-1}[I(\omega)] = \frac{1}{2\pi}\int_{-\infty}^{\infty} \frac{\mathrm{j}\omega F(\omega)\mathrm{e}^{\mathrm{j}\omega t}}{R\mathrm{j}\omega + \frac{1}{C} - L\omega^2}\mathrm{d}\omega.$$

例 6.4.2 求解微分方程 $ax'(t) + bx(t) + c\int_{-\infty}^{t} x(t)\mathrm{d}t = h(t)$ 的解，其中 $-\infty < t < +\infty$，a，b，c 均为常数.

解 记 $F[x(t)] = X(\omega)$，$F[h(t)] = H(\omega)$，

由傅氏变换的微分性质和积分性质，在方程式两边取傅氏变换，可得

$$a\mathrm{j}\omega X(\omega) + bX(\omega) + \frac{c}{\mathrm{j}\omega}X(\omega) = H(\omega),$$

$$X(\omega) = \frac{H(\omega)}{b + \mathrm{j}\left(a\omega - \frac{c}{\omega}\right)}.$$

对上式两端取傅氏逆变换，可得 $x(t) = \frac{1}{2\pi}\int_{-\infty}^{+\infty} X(\omega)\mathrm{e}^{\mathrm{j}\omega t}\mathrm{d}\omega$.

例 6.4.3 设 $f(t)$ 是定义在 $(-\infty, +\infty)$ 上的实值函数，且存在傅氏变换 $F(\omega) = F[f(t)]$，证明 $\int_0^{+\infty} \frac{|F(\omega)|^2}{|\omega|} d\omega = \int_{-\infty}^0 \frac{|F(\omega)|^2}{|\omega|} d\omega$.

证明 由 $F(\omega) = F[f(t)] = \int_{-\infty}^{+\infty} f(t) e^{-j\omega t} dt$，

有 $F(-\omega) = \int_{-\infty}^{+\infty} f(t) e^{j\omega t} dt = \overline{F(\omega)}$.

因此 $\int_0^{+\infty} \frac{|F(\omega)|^2}{|\omega|} d\omega = \int_0^{+\infty} \frac{F(\omega) \cdot \overline{F(\omega)}}{|\omega|} d\omega$

$$= \int_0^{+\infty} \frac{F(\omega) \cdot F(-\omega)}{|\omega|} d\omega$$

（令 $\omega_0 = -\omega$） $= \int_{-\infty}^0 \frac{F(-\omega_0) \cdot F(\omega_0)}{|\omega_0|} d\omega_0$

$$= \int_{-\infty}^0 \frac{|F(\omega)|^2}{|\omega|} d\omega.$$

习 题 六

A 类

1. 设 $f_T(t)$ 是以 $T = 2\pi$ 为周期的函数，且在区间 $[0, 2\pi]$ 上 $f_T(t) = t$，将 $f_T(t)$ 展开为复数形式的傅里叶级数.

2. 求下列函数的傅氏积分：

(1) $f(t) = \begin{cases} 0, & t < 0, \\ e^{-t}\sin 2t, & t \geq 0; \end{cases}$

(2) $f(t) = \begin{cases} 1 - t^2, & |t| < 1, \\ 0, & |t| > 1. \end{cases}$

3. 求函数 $f(t) = e^{-\beta|t|}$ $(\beta > 0)$ 的傅氏积分，并证明：$\int_0^{+\infty} \frac{\cos \omega t}{\beta^2 + \omega^2} d\omega = \frac{\pi}{2\beta} e^{-\beta|t|}$.

4. 求函数 $f(t) = e^{-\beta t}$ $(\beta > 0, t \geq 0)$ 的傅氏变换的正弦积分表达式与余弦积分表达式.

5. 求下列函数的傅氏变换：

(1) $f(t) = t \sin t$; (2) $f(t) = t^2 u(t)$;

(3) $f(t) = \begin{cases} A, & 0 \leq t \leq \tau, \\ 0, & \text{其他}; \end{cases}$ (4) $\text{sgn} t = \frac{t}{|t|} = \begin{cases} -1, & t < 0, \\ 1, & t > 0. \end{cases}$

6. 求函数 $f(t) = \delta(t-1)(t-2)^2 \cos t$ 的傅氏变换.

7. 设 $F(\omega) = F[f(t)]$，证明：函数 $f(t)$ 为实值函数的充要

条件为 $\overline{F(\omega)} = F(-\omega)$.

8. 求下列函数的傅氏变换，并证明所列的积分等式：

(1) $f(t) = \begin{cases} 1, & |t| \leq 1, \\ 0, & |t| > 1, \end{cases}$ 证明 $\int_0^{+\infty} \frac{\sin\omega\cos\omega}{\omega}d\omega = \begin{cases} \dfrac{\pi}{4}, & |t| < 1, \\ \dfrac{\pi}{2}, & |t| = 1, \\ 0, & |t| > 1; \end{cases}$

(2) $f(t) = \begin{cases} \sin t, & |t| \leq \pi, \\ 0, & |t| > \pi, \end{cases}$ 证明

$$\int_0^{+\infty} \frac{\sin\omega\pi\sin\omega t}{1-\omega^2}d\omega = \begin{cases} \dfrac{2}{\pi}\sin t, & |t| \leq \pi, \\ 0, & |t| > \pi. \end{cases}$$

9. 证明：若 $F[e^{j\varphi(t)}] = F(\omega)$，其中 $\varphi(t)$ 为一实函数，则

$F[\cos\varphi(t)] = \dfrac{1}{2}[F(\omega) + \overline{F(-\omega)}]$;

$F[\sin\varphi(t)] = \dfrac{1}{2j}[F(\omega) + \overline{F(-\omega)}]$.

10. 设 $F(\omega) = F[f(t)]$，利用傅氏变换的性质求下列函数的傅氏变换：

(1) $f(2t)$; (2) $(t-2)f(t)$; (3) $tf'(t)$;
(4) $f(1-t)$; (5) $(t-2)f(-2t)$; (6) $e^{-2jt}f(t+2)$.

11. 已知函数 $f(t)$ 的傅氏变换为 $F(\omega) = \dfrac{\sin\omega}{\omega}$，求该函数 $f(t)$.

12. 已知函数 $f(t)$ 的傅氏变换为 $F(\omega) = \pi[\delta(\omega+\omega_0) + \delta(\omega-\omega_0)]$，求该函数 $f(t)$.

13. 求函数 $f(t) = \cos t \sin t$ 的傅氏变换.

14. 求如图 6.1 所示的三角脉冲的频谱函数.

15. 求高斯分布函数 $f(t) = \dfrac{1}{\sqrt{2\pi}\sigma}e^{-\frac{t^2}{2\sigma^2}}$ 的频谱函数.

16. 若 $f_1(t) = e^{-at}u(t)$，$f_1(t) = \sin t \cdot u(t)$，求 $f_1(t) * f_2(t)$.

17. 求下列函数的傅氏变换：

(1) $f(t) = \sin\omega_0 t \cdot u(t)$; (2) $f(t) = e^{j\omega_0 t} \cdot u(t-t_0)$.

18. 求微分方程 $x'(t) + x(t) = \delta(t)$，$(-\infty < t < +\infty)$ 的解.

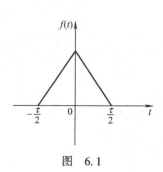

图 6.1

B 类

1. 设 $F[f(t)] = F(\omega)$，求下列函数的傅氏变换：

(1) $e^{j\omega_0 t}f(t-t_0)$; (2) $f(at+b)$.

2. 设 $f(t) = e^{-\beta|t|}(\beta > 0)$，求 $F(\omega) = F[f(t)]$，并证明：

$$\int_0^{+\infty} \frac{\cos\omega t}{\beta^2 + \omega^2}d\omega = \frac{\pi}{2\beta}e^{-\beta|t|}.$$

3. 设 $F_1(\omega) = F[f_1(t)]$, $F_2(\omega) = F[f_2(t)]$, 证明：
$$F[f_1(t) \cdot f_2(t)] = \frac{1}{2\pi} F_1(\omega) * F_2(\omega).$$

4. 利用性质求下列函数的傅氏积分：

(1) $f(t) = u(t)\mathrm{e}^{-t}\sin 2t$;

(2) $f(t) = \delta(t)\mathrm{e}^t \sin\left(t + \dfrac{\pi}{4}\right)$.

5. 求解积分方程 $g(t) = h(t) + \int_{-\infty}^{+\infty} f(\tau)g(t-\tau)\mathrm{d}\tau$, 其中 $h(t)$, $f(t)$ 为已知函数.

第 7 章

拉普拉斯变换

【学习目标】

1. 理解并记忆拉氏变换及其逆变换的概念.
2. 掌握拉氏变换的性质.
3. 熟练掌握拉氏变换及其逆变换的求解方法.
4. 了解反演积分公式.
5. 熟练掌握应用拉氏变换求解线性微分方程（组）的方法.

7.1 拉普拉斯变换定义

7.1.1 拉普拉斯变换

定义 7.1.1 设函数 $f(t)$ 当 $t \geq 0$ 时有定义，如果对于复参数 $s = \beta + j\omega$，积分

$$F(s) = \int_0^{+\infty} f(t) e^{-st} dt \qquad (7.1.1)$$

在复平面 s 的某一域内收敛，则称 $F(s)$ 为 $f(t)$ 的拉普拉斯变换（简称拉氏变换），记为 $F(s) = L[f(t)]$；相应地，称 $f(t)$ 为 $F(s)$ 的拉普拉斯逆变换（简称拉氏逆变换），记为 $f(t) = L^{-1}[F(s)]$. 有时我们也称 $f(t)$ 与 $F(s)$ 分别为像原函数和像函数.

例 7.1.1 求阶跃函数 $u(t) = \begin{cases} 1, & t > 0 \\ 0, & t < 0 \end{cases}$ 的拉普拉斯变换.

解 由式(7.1.1)，有

$$L[u(t)] = \int_0^{+\infty} e^{-st} dt,$$

这个积分在 $\mathrm{Re}(s) > 0$ 时收敛，而且有

$$\int_0^{+\infty} e^{-st} dt = -\frac{1}{s} e^{-st} \Big|_0^{+\infty} = \frac{1}{s},$$

所以

$$L[u(t)] = \frac{1}{s} \quad (\mathrm{Re}(s) > 0).$$

例 7.1.2 求指数函数 $f(t) = e^{kt}$ 的拉普拉斯变换（k 为实数）.

解 由式(7.1.1)，有

$$L[f(t)] = \int_0^{+\infty} e^{kt} e^{-st} dt = \int_0^{+\infty} e^{-(s-k)t} dt,$$

这个积分在 $(\mathrm{Re}(s) > k)$ 时收敛，而且有

$$\int_0^{+\infty} e^{-(s-k)t} dt = \frac{1}{s-k},$$

所以 $L[e^{kt}] = \dfrac{1}{s-k} \quad (\mathrm{Re}(s) > k).$

从上面的例子可以看出，虽然满足定义条件的实值函数带入式(7.1.1) 可以进行拉普拉斯变换，但是对于这个函数来说也还是要具备一些条件的．那么，一个函数究竟满足什么条件时，它的拉普拉斯变换一定存在呢？若存在，收敛域（或者存在域）又是什么呢？下面的定理可以部分地回答这个问题．

7.1.2 拉普拉斯变换存在定理

定理 7.1.1 设函数 $f(t)$ 满足：

(1) 在 $t \geq 0$ 的任何有限区间上分段连续；

(2) 当 $t \to +\infty$ 时，$f(t)$ 具有有限的增长性，即存在常数 $M > 0$ 及 $c \geq 0$，使得

$$|f(t)| \leq M e^{ct} \quad (0 \leq t < +\infty),$$

(满足此条件的函数，称它的增长是指数级的，其中 c 称为 $f(t)$ 的增长指数）则 $f(t)$ 的拉普拉斯变换 $F(s) = \int_0^{+\infty} f(t) e^{-st} dt$ 在半平面 $\mathrm{Re}(s) > c$ 上一定存在，且是解析的．

证明从略．

对于定理 7.1.1，我们可以这样简单地去理解，一个函数即使它的绝对值随着 t 的增大而增大，但只要不比某个指数函数增长得快，它的拉氏变换就存在．常见的大部分函数都是满足这个定理的，如三角函数、指数函数及幂函数等．而函数 e^{t^2} 则不满足，因为无论取多大的 M 与 c，对足够大的 t，总会有 $e^{t^2} > M e^{ct}$，其拉氏变换不存在．但必须注意的是，定理 7.1.1 的条件是充分的，不是必要的．

另外，关于存在域，定理 7.1.1 中所给的也是一个充分性的结论，一般说来还会大些，但从形式上看，它往往是一个半平面．更具体地说，对任何一个函数 $f(t)$，其拉普拉斯变换 $F(s)$ 为下列三种情况之一：

(1) $F(s)$ 不存在；

(2) $F(s)$ 处处存在，即存在域是全平面；

(3) 存在实数 s_0，当 $\mathrm{Re}(s) > s_0$ 时，$F(s)$ 存在；当 $\mathrm{Re}(s) < s_0$ 时，$F(s)$ 不存在，即存在域为 $\mathrm{Re}(s) > s_0$．

对于上面的第三种情况，在应用时，我们常常略去 $\mathrm{Re}(s) > s_0$，

只有在非常必要时才特别注明. 如 $f(t)=1$ 的拉氏变换就是 $F(s)=\frac{1}{s}$, 而不再附注条件 $\mathrm{Re}(s)>0$. 其他函数也同样处理.

例 7.1.3 求函数 $f(t)=\mathrm{e}^{at}$ 的拉普拉斯变换(a 为复常数).

解 由 $|\mathrm{e}^{at}|=\mathrm{e}^{\mathrm{Re}(at)}$, 故 e^{at} 的增长指数为 $\mathrm{Re}(a)$, $L[\mathrm{e}^{at}]$ 在 $\mathrm{Re}(s)>\mathrm{Re}(a)$ 内解析. 由式(7.1.1) 有

$$L[\mathrm{e}^{at}] = \int_0^{+\infty} \mathrm{e}^{at} \mathrm{e}^{-st} \mathrm{d}t$$

$$= \int_0^{+\infty} \mathrm{e}^{-(s-a)t} \mathrm{d}t = \frac{1}{s-a}.$$

7.1.3 周期函数的拉普拉斯变换

一般地, 以 T 为周期的函数 $f(t)$, 即 $f(t+T)=f(t)$ ($t>0$), 当 $f(t)$ 在一个周期上分段连续时, 有

$$L[f(t)] = \frac{1}{1-\mathrm{e}^{-sT}} \int_0^T f(t) \mathrm{e}^{-st} \mathrm{d}t \quad (\mathrm{Re}(s)>0)$$

成立. 这就是求周期函数的拉氏变换(证明从略).

例 7.1.4 求周期性三角波 $f(t)=\begin{cases} t, & 0\leqslant t<b, \\ 2b-t, & b\leqslant t<2b, \end{cases}$ 且 $f(t+2b)=f(t)$ 的拉氏变换(如图 7.1.1 所示).

解 $L[f(t)] = \int_0^{+\infty} f(t) \mathrm{e}^{-st} \mathrm{d}t$

$= \int_0^{2b} f(t) \mathrm{e}^{-st} \mathrm{d}t + \int_{2b}^{4b} f(t) \mathrm{e}^{-st} \mathrm{d}t + \int_{4b}^{6b} f(t) \mathrm{e}^{-st} \mathrm{d}t + \cdots +$

$\int_{2kb}^{2(k+1)b} f(t) \mathrm{e}^{-st} \mathrm{d}t + \cdots$

$= \sum_{k=0}^{+\infty} \int_{2kb}^{2(k+1)b} f(t) \mathrm{e}^{-st} \mathrm{d}t.$

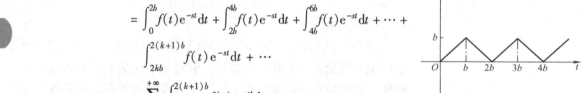

图 7.1.1

令 $t=\tau+2kb$, 则

$\int_{2kb}^{2(k+1)b} f(t) \mathrm{e}^{-st} \mathrm{d}t = \int_0^{2b} f(\tau+2kb) \mathrm{e}^{-s(\tau+2kb)} \mathrm{d}\tau$

$= \mathrm{e}^{-2kbs} \int_0^{2b} f(\tau) \mathrm{e}^{-s\tau} \mathrm{d}\tau.$

而

$\int_0^{2b} f(t) \mathrm{e}^{-st} \mathrm{d}t = \int_0^b t \mathrm{e}^{-st} \mathrm{d}t + \int_b^{2b} (2b-t) \mathrm{e}^{-st} \mathrm{d}t = \frac{1}{s^2}(1-\mathrm{e}^{-bs})^2,$

所以

$L[f(t)] = \sum_{k=0}^{+\infty} \mathrm{e}^{-2kbs} \int_0^{2b} f(t) \mathrm{e}^{-st} \mathrm{d}t$

$= \int_0^{2b} f(t) \mathrm{e}^{-st} \mathrm{d}t \cdot \left(\sum_{k=0}^{+\infty} \mathrm{e}^{-2kbs}\right).$

由于当 $\mathrm{Re}(s) > 0$ 时，$|\mathrm{e}^{-2b\beta}| = \mathrm{e}^{-2bs} < 1$，

所以
$$\sum_{k=0}^{+\infty} (\mathrm{e}^{-2kbs}) = \frac{1}{1-\mathrm{e}^{-2bs}},$$

从而
$$L[f(t)] = \frac{1}{1-\mathrm{e}^{-2bs}} \int_0^{2b} f(t)\mathrm{e}^{-st} \mathrm{d}t$$

$$= \frac{1}{1-\mathrm{e}^{-2bs}} (1-\mathrm{e}^{-bs})^2 \frac{1}{s^2}$$

$$= \frac{1}{s^2} \frac{(1-\mathrm{e}^{-bs})^2}{(1-\mathrm{e}^{-bs})(1+\mathrm{e}^{-bs})}$$

$$= \frac{1}{s^2} \frac{1-\mathrm{e}^{-bs}}{1+\mathrm{e}^{-bs}} = \frac{1}{s^2} \mathrm{th} \frac{bs}{2}.$$

7.1.4 拉氏变换简表的使用

我们还应指出，在科学技术、工程实际等问题中，常常会遇到求某一函数的拉普拉斯变换问题．为了减轻计算负担和使用方便，往往把常用函数的拉普拉斯变换汇集成表以供查用，这种表叫作拉氏变换简表．我们将工程实际中常遇到的一些函数及其拉氏变换列于附录Ⅱ中，以备读者查用．

例 7.1.5 求 $\sin 2t \sin 3t$ 的拉氏变换．

解 根据附录Ⅱ中第 20 式，在 $a=2$，$b=3$ 时，可以很方便地得到

$$L[\sin 2t \sin 3t] = \frac{12s}{(s^2+5^2)(s^2+(-1)^2)} = \frac{12s}{(s^2+25)(s^2+1)}.$$

总之，查表求函数的拉氏变换要比按定义去做方便得多，特别是掌握了拉氏变换的性质，再使用查表的方法，就能更快地找到所求函数的拉氏变换．

7.2 拉氏变换的性质

7.2.1 拉氏变换的基本性质

1. 线性性与相似性

（1）线性性 设 α，β 为常数，且有 $L[f(t)] = F(s)$，$L[g(t)] = G(s)$，则有

$$L[\alpha f(t) + \beta g(t)] = \alpha F(s) + \beta G(s),$$
$$L^{-1}[\alpha F(s) + \beta G(s)] = \alpha f(t) + \beta g(t).$$

这个性质表明函数的线性组合的拉氏变换等于各函数的拉氏变换的相应的线性组合，逆变换也相同．

(2) 相似性 设 $L[f(t)] = F(s)$，则对任一常数 $a > 0$ 有
$$L[f(at)] = \frac{1}{a}F\left(\frac{s}{a}\right).$$

证明 $L[f(at)] = \int_0^{+\infty} f(at)e^{-st}dt$
$$\stackrel{\diamondsuit u=at}{=} \frac{1}{a}\int_0^{+\infty} f(u)e^{-(\frac{s}{a})u}du = \frac{1}{a}F\left(\frac{s}{a}\right).$$

例 7.2.1 求 $\sin\omega t$ 的拉氏变换.

解 由 $\sin\omega t = \frac{1}{2j}(e^{j\omega t} - e^{-j\omega t})$，

又由于
$$L[e^{j\omega t}] = \int_0^{+\infty} e^{j\omega t}e^{-st}dt = \frac{1}{j\omega - s}e^{-(s-j\omega)t}\Big|_0^{+\infty}$$
$$= \frac{1}{s - j\omega} \quad (\text{Re}(s) > 0),$$

所以
$$L(\sin\omega t) = \frac{1}{2j}(L[e^{j\omega t}] - L[e^{-j\omega t}])$$
$$= \frac{1}{2j}\left[\frac{1}{s - j\omega} - \frac{1}{s + j\omega}\right] = \frac{\omega}{s^2 + \omega^2},$$

同理可得
$$L[\cos\omega t] = \frac{s}{s^2 + \omega^2}.$$

2. 微分性质

(1) 导数的像函数 若 $L[f(t)] = F(s)$，则有
$$L[f'(t)] = sF(s) - f(0); \tag{7.2.1}$$

一般地，有
$$L[f^{(n)}(t)] = s^n F(s) - s^{n-1}f(0) - s^{n-2}f'(0) - \cdots - f^{(n-1)}(0), \tag{7.2.2}$$

其中，$f^{(k)}(0)$ 应理解为 $\lim\limits_{t \to 0^+} f^{(k)}(t)(k = 0,1,2\cdots,n-1)$.

证明 根据拉氏变换定义和分部积分法
$$L[f'(t)] = \int_0^{+\infty} f'(t)e^{-st}dt$$
$$= f(t)e^{-st}\Big|_0^{+\infty} + s\int_0^{+\infty} f(t)e^{-st}dt.$$

由于 $|f(t)e^{-st}| \le Me^{-(\beta-c)t}$，$\text{Re}(s) = \beta > c$，故 $\lim\limits_{t \to +\infty} f(t)e^{-st} = 0$.
因此式(7.2.1) 成立.
再利用数学归纳法，则可得式(7.2.2).

拉氏变换的这一性质可用来求解微分方程（组）的初值问题.
特别地，当初值 $f(0) = f'(0) = \cdots = f^{(n-1)}(0) = 0$ 时，有
$$L[f'(t)] = sF(s), L[f''(t)] = s^2F(s), \cdots, L[f^{(n)}(t)] = s^nF(s). \tag{7.2.3}$$

此性质使我们有可能将 $f(t)$ 的微分方程转化为 $F(s)$ 的代数方程，因此它对分析线性系统有着重要的作用.

例 7.2.2 求函数 $f(t) = t^m$ 的拉氏变换（$m \geq 1$ 为正整数）.

解 利用式(7.2.2) 来求，由于 $f(t) = t^m$，则 $f^{(m)}(t) = m!$ 且

$$f(0) = f'(0) = \cdots = f^{(m-1)}(0) = 0,$$

由式(7.2.3) 有 $L[f^{(m)}(t)] = s^m L[f(t)]$，即

$$L[t^m] = \frac{1}{s^m} L[m!] = \frac{m!}{s^{m+1}}.$$

(2) 像函数的导数　设 $L[f(t)] = F(s)$，则有

$$F'(s) = -L[tf(t)]. \tag{7.2.4}$$

一般地，有

$$F^{(n)}(s) = (-1)^n L[t^n f(t)]. \tag{7.2.5}$$

证明从略.

例 7.2.3 求函数 $f(t) = t\sin\omega t$ 的拉氏变换.

解 由例 7.2.1 已知 $L[\sin\omega t] = \dfrac{\omega}{s^2 + \omega^2}$，根据式(7.2.4) 有

$$L[t\sin\omega t] = -\frac{\mathrm{d}}{\mathrm{d}s}\left[\frac{\omega}{s^2 + \omega^2}\right] = \frac{2\omega s}{(s^2 + \omega^2)^2}.$$

3. 积分的性质

(1) 积分的像函数　设 $L[f(t)] = F(s)$，则有

$$L\left[\int_0^t f(t)\,\mathrm{d}t\right] = \frac{1}{s}F(s); \tag{7.2.6}$$

一般地，有

$$L\left[\underbrace{\int_0^t \mathrm{d}t \int_0^t \mathrm{d}t \cdots \int_0^t}_{n\text{次}} f(t)\,\mathrm{d}t\right] = \frac{1}{s^n}F(s). \tag{7.2.7}$$

证明 设 $g(t) = \int_0^t f(t)\,\mathrm{d}t$，则 $g'(t) = f(t)$ 且 $g(0) = 0$，在利用式(7.2.1)

$$L[g'(t)] = sL[g(t)] - g(0),$$

即有 $L\left[\int_0^t f(t)\,\mathrm{d}t\right] = \dfrac{1}{s}F(s)$. 反复利用上式即得式(7.2.7).

(2) 像函数的积分　设 $L[f(t)] = F(s)$，则有

$$L\left[\frac{f(t)}{t}\right] = \int_s^\infty F(s)\,\mathrm{d}s \tag{7.2.8}$$

或

$$f(t) = tL^{-1}\left[\int_s^\infty F(s)\,\mathrm{d}s\right].$$

一般地，有

复变函数与积分变换

$$L\left[\frac{f(t)}{t^n}\right] = \underbrace{\int_s^\infty \mathrm{d}s \int_s^\infty \mathrm{d}s \cdots \int_s^\infty F(s)\,\mathrm{d}s}_{n\text{次}}. \qquad (7.2.9)$$

它的证明留给读者.

例 7.2.4 求函数 $f(t) = \dfrac{\sin t}{t}$ 的拉氏变换.

解 因为 $L[\sin t] = \dfrac{1}{s^2+1}$，由式(7.2.8)，有

$$L\left[\frac{\sin t}{t}\right] = \int_s^\infty \frac{1}{s^2+1}\mathrm{d}s$$

$$= \frac{\pi}{2} - \arctan s,$$

即

$$\int_s^{+\infty} \frac{\sin t}{t} \mathrm{e}^{-st}\mathrm{d}t = \frac{\pi}{2} - \arctan s = \operatorname{arccot} s.$$

上式中，如果令 $s = 0$ 有 $\int_0^{+\infty} \dfrac{\sin t}{t}\mathrm{d}t = \dfrac{\pi}{2}$.

例 7.2.5 求正弦积分 $\int_0^t \dfrac{\sin t}{t}\mathrm{d}t$ 的拉氏变换.

解 由式(7.2.6) 可得

$$L\left[\int_0^t \frac{\sin t}{t}\mathrm{d}t\right] = \frac{1}{s}L\left(\frac{\sin t}{t}\right).$$

由例 7.2.4 得

$$L\left[\int_0^t \frac{\sin t}{t}\mathrm{d}t\right] = \frac{1}{s}\left(\frac{\pi}{2} - \arctan s\right) = \frac{1}{s}\operatorname{arccot} s.$$

4. 延迟与位移性质

(1) **延迟性** 设 $L[f(t)] = F(s)$，当 $t < 0$ 时 $f(t) = 0$，则对任一非负实数 τ 有

$$\begin{cases} L[f(t-\tau)] = \mathrm{e}^{-s\tau}F(s), \\ L^{-1}[\mathrm{e}^{-s\tau}F(s)] = f(t-\tau). \end{cases} \qquad (7.2.10)$$

证明 由定义有

$$L[f(t-\tau)] = \int_0^{+\infty} f(t-\tau)\mathrm{e}^{-st}\mathrm{d}t$$

$$= \int_0^\tau f(t-\tau)\mathrm{e}^{-st}\mathrm{d}t + \int_\tau^{+\infty} f(t-\tau)\mathrm{e}^{-st}\mathrm{d}t.$$

由条件可知，当 $t < \tau$ 时，$f(t-\tau) = 0$，所以上式右端第一个积分为零. 对于第二个积分，令 $u = t - \tau$，则

$$L[f(t-\tau)] = \int_0^{+\infty} f(u)\mathrm{e}^{-s(u+\tau)}\mathrm{d}u$$

$$= \mathrm{e}^{-s\tau}\int_0^{+\infty} f(u)\mathrm{e}^{-su}\mathrm{d}u$$

$$= \mathrm{e}^{-s\tau}F(s) \qquad (\operatorname{Re}(s) > c).$$

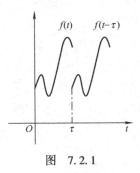

图 7.2.1

函数 $f(t-\tau)$ 与 $f(t)$ 相比较，$f(t)$ 是从 $t=0$ 开始有非零数值，而 $f(t-\tau)$ 是从 $t=\tau$ 开始才有非零数值，即延迟了一个时间 τ. 从它们的图像来看，$f(t-\tau)$ 的图像是由 $f(t)$ 的图像沿 t 轴向右平移 τ 得到的（如图 7.2.1 所示）. 这个性质表明，时间函数延迟 τ 的拉氏变换等于它的像函数乘以指数因子 $e^{-s\tau}$. 另一方面，本性质对 $f(t)$ 的要求，即当 $t<0$ 时 $f(t)=0$. 此时 $f(t-\tau)$ 在 $t<\tau$ 时为零，故 $f(t-\tau)$ 也应理解为 $f(t-\tau)u(t-\tau)$，因此式(7.2.10) 也可以写为

$$L[f(t-\tau)u(t-\tau)] = e^{-s\tau}F(s),$$

相应地就有 $L^{-1}[e^{-s\tau}F(s)] = f(t-\tau)u(t-\tau).$

(2) 位移性 设 $L[f(t)] = F(s)$，则有

$$L[e^{at}f(t)] = F(s-a) \quad (a \text{ 为复常数}). \tag{7.2.11}$$

证明 由定义

$$\begin{aligned} L[e^{at}f(t)] &= \int_0^{+\infty} e^{at}f(t)e^{-st}dt \\ &= \int_0^{+\infty} f(t)e^{-(s-a)t}dt = F(s-a). \end{aligned}$$

例 7.2.6 求函数 $u(t-\tau) = \begin{cases} 0, & t<\tau, \\ 1, & t>\tau \end{cases}$ 的拉氏变换.

解 由 $L[u(t)] = \dfrac{1}{s}$，再根据延迟性，有

$$L[u(t-\tau)] = \frac{1}{s}e^{-s\tau}.$$

例 7.2.7 设 $f(t) = \sin t$，求 $L\left[f\left(t - \dfrac{\pi}{2}\right)\right]$.

解 由于 $L[\sin t] = \dfrac{1}{s^2+1}$，根据式(7.2.10) 有

$$L\left[f\left(t-\frac{\pi}{2}\right)\right] = L\left[\sin\left(t-\frac{\pi}{2}\right)\right]$$

$$= e^{-\frac{\pi}{2}s}L[\sin t] = \frac{1}{s^2+1}e^{-\frac{\pi}{2}s}.$$

另外，按照前面的解释，则应有

$$L^{-1}\left[\frac{1}{s^2+1}e^{-\frac{\pi}{2}s}\right] = \sin\left(t-\frac{\pi}{2}\right)u\left(t-\frac{\pi}{2}\right)$$

$$= \begin{cases} -\cos t, & t > \dfrac{\pi}{2}, \\ 0, & t < \dfrac{\pi}{2}. \end{cases}$$

例 7.2.8 求 $L[e^{-at}\sin kt]$.

解 已知 $L[\sin kt] = \dfrac{k}{s^2+k^2}$，由位移性可得

$$L[e^{-at}\sin kt] = \frac{k}{(s+a)^2 + k^2}.$$

7.2.2 卷积与卷积定理

1. 卷积定义与性质

如果函数 $f_1(t), f_2(t)$ 都满足条件：当 $t < 0$ 时，$f_1(t) = f_2(t) = 0$，则

$$f_1(t) * f_2(t) = \int_0^t f_1(\tau) f_2(t-\tau) d\tau \quad (t \geq 0) \quad (7.2.12)$$

称为函数 $f_1(t)$ 与 $f_2(t)$ 的拉氏变换的卷积．

例 7.2.9 求函数 $f_1(t) = t$ 和 $f_2(t) = \sin t$ 的卷积，即求 $t * \sin t$．

解 $t * \sin t = \int_0^t \tau \sin(t-\tau) d\tau = \tau \cos(t-\tau)\big|_0^t - \int_0^t \cos(t-\tau) d\tau$

$= t + \sin(t-\tau)\big|_0^t = t - \sin t.$

例 7.2.10 设函数 $f(t) = \begin{cases} \cos t, & t \geq 0, \\ 0, & t < 0, \end{cases}$ 求 $f(t) * f(t)$．

解 $f(t) * f(t) = \int_0^t \cos \tau \cos(t-\tau) d\tau$

$= \frac{1}{2} \int_0^t [\cos t + \cos(2\tau - t)] d\tau$

$= \frac{1}{2}(t\cos t + \sin t).$

拉氏变换的卷积满足以下性质：

(1) 交换律：$f_1(t) * f_2(t) = f_2(t) * f_1(t)$；

(2) 结合律：$[f_1(t) * f_2(t)] * f_3(t) = f_1(t) * [f_2(t) * f_3(t)]$；

(3) 分配律：$f_1(t) * [f_2(t) + f_3(t)] = f_1(t) * f_2(t) + f_1(t) * f_3(t)$；

(4) $|f_1(t) * f_2(t)| \leq |f_1(t)| * |f_2(t)|.$

2. 卷积定理

定理 7.2.1 假定函数 $f_1(t), f_2(t)$ 满足拉氏变换存在定理中的条件，且 $L[f_1(t)] = F_1(s), L[f_2(t)] = F_2(s)$，则 $f_1(t) * f_2(t)$ 的拉氏变换一定存在，且

$$L[f_1(t) * f_2(t)] = F_1(s) \cdot F_2(s),$$

或 $\quad L^{-1}[F_1(s) \cdot F_2(s)] = f_1(t) * f_2(t). \quad (7.2.13)$

证明 由拉氏变换定义有

$L[f_1(t) * f_2(t)] = \int_0^{+\infty} [f_1(t) * f_2(t)] e^{-st} dt$

$= \int_0^{+\infty} \left[\int_0^t f_1(\tau) f_2(t-\tau) d\tau\right] e^{-st} dt.$

上面的积分可以看成是一个复平面上区域 D 内（如图 7.2.2 所示）的一个二重积分，交换积分次序，即得

$$L[f_1(t)*f_2(t)] = \int_0^{+\infty} f_1(\tau)\left[\int_\tau^{+\infty} f_2(t-\tau)e^{-st}dt\right]d\tau$$ 对内层

积分作变量代换 $u = t - \tau$，有

$$\int_\tau^{+\infty} f_2(t-\tau)e^{-st}dt = \int_0^{+\infty} f_2(u)e^{-s(u+\tau)}du = e^{-s\tau}F_2(s),$$

所以

$$L[f_1(t)*f_2(t)] = \int_0^{+\infty} f_1(\tau)e^{-s\tau}F_2(s)d\tau$$
$$= F_2(s)\int_0^{+\infty} f_1(\tau)e^{-s\tau}d\tau$$
$$= F_1(s) \cdot F_2(s).$$

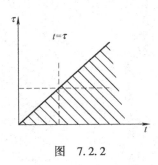

图 7.2.2

这个性质表明两个函数卷积的拉氏变换等于这两个函数拉氏变换的乘积．这个定理可以推广，若 $f_k(t)(k=1,2,\cdots,n)$，则有

$$L[f_1(t)*f_2(t)*\cdots*f_n(t)] = F_1(s) \cdot F_2(s) \cdot \cdots \cdot F_n(s).$$

利用卷积定理可以求一些函数的逆变换．

例 7.2.11 已知 $F(s) = \dfrac{s^2}{(s^2+1)^2}$，求 $f(t) = L^{-1}[F(s)]$．

解 由于 $F(s) = \dfrac{s}{s^2+1} \cdot \dfrac{s}{s^2+1}$，

所以 $f(t) = L^{-1}\left[\dfrac{s}{s^2+1} \cdot \dfrac{s}{s^2+1}\right]$．

又因为 $L^{-1}\left[\dfrac{s}{s^2+1}\right] = \cos t$，所以有

$$f(t) = L^{-1}\left[\dfrac{s}{s^2+1} \cdot \dfrac{s}{s^2+1}\right] = \cos t * \cos t$$
$$= \int_0^t \cos\tau \cos(t-\tau)d\tau$$
$$= \dfrac{1}{2}\int_0^t [\cos t + \cos(2\tau-t)]d\tau$$
$$= \dfrac{1}{2}(t\cos t + \sin t).$$

7.3 拉普拉斯逆变换

前面我们主要讨论了由已知函数 $f(t)$ 求它的像函数 $F(s)$，但在实际应用中常会碰到与此相反的问题，即已知像函数 $F(s)$ 求它的像原函数 $f(t)$．本节将进一步研究这个问题．

定义 7.3.1 如果 $L[f(t)] = F(s)$，令 $s = \beta + j\omega$，则

$$f(t) = \frac{1}{2\pi i}\int_{\beta-j\infty}^{\beta+j\infty} F(s)e^{st}ds, \quad t > 0, \qquad (7.3.1)$$

右端的积分称为拉普拉斯的反演积分.

对于一些比较复杂的像函数，要求出像原函数可以借助拉普拉斯反演积分公式来求，它和式(7.1.1) $F(s) = \int_0^{+\infty} f(t)e^{-st}dt$ 成为一对互逆的积分变换式，也称 $f(t)$ 和 $F(s)$ 构成了一个拉普拉斯变换对. 反演积分是一个复变函数的积分，它的计算通常是比较困难的，但是当 $F(s)$ 满足一定条件时，可以利用留数方法计算.

定理 7.3.1 若 $s_1, s_2, \cdots, s_n$ 是函数 $F(s)$ 的所有奇点（适当选取 β 使这些奇点全在 $\text{Re}(s) < \beta$ 的范围内），且当 $s \to \infty$ 时，$F(s) \to 0$，则有

$$f(t) = \frac{1}{2\pi i}\int_{\beta-j\infty}^{\beta+j\infty} F(s)e^{st}ds = \sum_{k=1}^{n}\text{Res}[F(s)e^{st}, s_k],$$

即

$$f(t) = \sum_{k=1}^{n}\text{Res}[F(s)e^{st}, s_k], \quad t > 0. \qquad (7.3.2)$$

证明从略.

例 7.3.1 求函数 $F(s) = \dfrac{s}{s^2+1}$ 的拉普拉斯逆变换.

解 函数 $F(s)$ 有两个一级极点 $s = j$ 和 $s = -j$，由式(5.2.1)，有

$$\text{Res}\left[\frac{s}{s^2+1}e^{st}, s = j\right] = \frac{e^{jt}}{2},$$

$$\text{Res}\left[\frac{s}{s^2+1}e^{st}, s = -j\right] = \frac{e^{-jt}}{2}.$$

所以，当 $t > 0$ 时，有

$$f(t) = \frac{1}{2}(e^{jt} + e^{-jt}) = \cos t.$$

由像函数找像原函数除了用上述定理以外，还可以用卷积、部分分式和查表的方法.

例 7.3.2 求函数 $F_2(s) = \dfrac{1}{(s-2)(s-1)^2}$ 的拉普拉斯逆变换.

解 方法一 利用留数求解

函数 $F(s)$ 有一个一级极点 $s_1 = 2$，一个二级极点 $s_2 = 1$，由式(7.3.2) 及留数计算法则有

$$f(t) = \text{Res}[F(s)e^{st}, s_1 = 2] + \text{Res}[F(s)e^{st}, s_2 = 1]$$

$$= \lim_{s \to 2}(s-2)\frac{e^{st}}{(s-2)(s-1)^2} +$$

$$\lim_{s\to 1}\frac{\mathrm{d}}{\mathrm{d}s}\Big[(s-1)^2\frac{\mathrm{e}^{st}}{(s-2)(s-1)^2}\Big]$$
$$= \mathrm{e}^{2t} - t\mathrm{e}^t - \mathrm{e}^t.$$

方法二 利用卷积求解

设 $F_1(s) = \dfrac{1}{s-2}$, $F_2(s) = \dfrac{1}{(s-1)^2}$, 则 $F(s) = F_1(s) \cdot F_2(s)$.

又由于
$$f_1(t) = L^{-1}[F_1(s)] = \mathrm{e}^{2t}, \quad f_2(t) = L^{-1}[F_2(s)] = t\mathrm{e}^t,$$
根据卷积定理有
$$f(t) = f_1(t) * f_2(t) = \int_0^t \tau \mathrm{e}^\tau \cdot \mathrm{e}^{2(t-\tau)}\mathrm{d}\tau$$
$$= \mathrm{e}^{2t}\int_0^t \tau \mathrm{e}^{-\tau}\mathrm{d}\tau = \mathrm{e}^{2t}(1 - \mathrm{e}^{-t} - t\mathrm{e}^{-t})$$
$$= \mathrm{e}^{2t} - t\mathrm{e}^t - \mathrm{e}^t.$$

方法三 利用部分分式求解

对 $F(s)$ 进行分解可得
$$F(s) = \frac{1}{s-2} - \frac{1}{s-1} - \frac{1}{(s-1)^2}.$$

由于 $L^{-1}\Big[\dfrac{1}{s-a}\Big] = \mathrm{e}^{at}$, $L^{-1}\Big[\dfrac{1}{(s-1)^2}\Big] = t\mathrm{e}^t$（见附录 I），从而
$$f(t) = \mathrm{e}^{2t} - t\mathrm{e}^t - \mathrm{e}^t.$$

7.4 拉普拉斯变换的应用

在工程中经常要对一个线性系统进行研究，并建立这个系统的数学模型. 例如电路理论和自动控制理论中，一个线性系统可以用一个线性微分方程描述. 利用拉普拉斯变换的性质，可以将一个常系数的线性微分方程问题转换为一个代数方程问题，解此方程，然后再求拉普拉斯逆变换，就可以得到原方程的解. 在这一节我们介绍应用拉普拉斯变换求解常系数线性微分方程的方法，另外我们还要讨论应用拉普拉斯变换求解积分方程.

应用拉普拉斯变换求常系数线性微分方程的基本步骤：

(1) 对方程两边取拉氏变换，利用初值条件得到关于象函数 $F(s)$ 的代数方程；

(2) 求解关于 $F(s)$ 的代数方程，得到 $F(s)$ 的表达式；

(3) 对 $F(s)$ 的表达式取拉氏逆变换，求出 $f(t)$，得微分方程的解.

例 7.4.1 求解微分方程 $y'' + 2y' - 3y = \mathrm{e}^{-t}$，满足 $y(0) = 0$, $y'(0) = 1$ 的解.

解 设方程的解 $y = y(t)$, $t \geq 0$，且设 $L[y(t)] = Y(s)$，对方

程两边取拉氏变换,并应用拉氏变换的性质及初始条件,得
$$s^2Y(s) - 1 + 2sY(s) - 3Y(s) = \frac{1}{s+1}.$$
求解此方程得
$$Y(s) = \frac{s+2}{(s+1)(s-1)(s+3)},$$
将上式化为部分分式的形式
$$Y(s) = \frac{-\frac{1}{4}}{(s+1)} + \frac{\frac{3}{8}}{(s-1)} + \frac{-\frac{1}{8}}{(s+3)},$$
求拉氏逆变换,得
$$y(t) = -\frac{1}{4}e^{-t} + \frac{3}{8}e^{t} - \frac{1}{8}e^{-3t}$$
$$= \frac{1}{8}(3e^{t} - 2e^{-t} - e^{-3t}).$$

例 7.4.2 求解微分方程
$$\begin{cases} x''(t) + y''(t) + x(t) + y(t) = 0, \\ 2x''(t) - y''(t) - x(t) + y(t) = \sin t, \end{cases}$$
满足初始条件
$$\begin{cases} x(0) = y(0) = 0, \\ x'(0) = y'(0) = -1. \end{cases}$$

解 令 $X(s) = L[x(t)]$,$Y(s) = L[y(t)]$,对方程两边取拉氏变换得
$$\begin{cases} s^2X(s) + 1 + s^2Y(s) + 1 + X(s) + Y(s) = 0, \\ 2s^2X(s) + 2 - s^2Y(s) - 1 - X(s) + Y(s) = \frac{1}{s^2+1}. \end{cases}$$
求解得
$$X(s) = Y(s) = -\frac{1}{s^2+1},$$
取拉氏逆变换得到原方程的解
$$x(t) = y(t) = -\sin t.$$

例 7.4.3 求解积分方程 $f(t) = kt + \int_0^t f(\tau)\sin(t-\tau)d\tau (k \neq 0)$.

解 由于 $f(t) * \sin t = \int_0^t f(\tau)\sin(t-\tau)d\tau$,所以原方程为
$$f(t) = kt + f(t) * \sin t.$$
令 $F(s) = L[f(t)]$,对方程两边取拉氏变换,
$$F(s) = L[kt] + L[f(t) * \sin t],$$
又因 $L[t] = \frac{1}{s^2}$,$L[\sin t] = \frac{1}{s^2+1}$,所以

$$F(s) = \frac{k}{s^2} + \frac{F(s)}{s^2+1}.$$

解此代数方程可得 $F(s) = k\left(\dfrac{1}{s^2} + \dfrac{1}{s^4}\right),$

对上式取拉氏逆变换得原方程的解为 $f(t) = k\left(t + \dfrac{t^3}{6}\right).$

利用拉氏变换可以求常系数微分方程及微分方程组的解及积分问题,另外拉氏变换在电路理论和自动控制理论等一些领域也都起到了重要作用. 我们这里着重介绍利用拉氏变换求解线性微分方程和方程组的方法以及积分问题的相关解法, 而拉氏变换在线性控制系统中的应用我们留给专业教科书去讲解.

习 题 七

A 类

1. 求下列函数的拉氏变换:

(1) $f(t) = \begin{cases} 3, & 0 \leqslant t < 2, \\ -1, & 2 \leqslant t < 4, \\ 0, & t > 4; \end{cases}$

(2) $f(t) = \begin{cases} 3, & 0 \leqslant t < \dfrac{\pi}{2}, \\ \cos t, & t \geqslant \dfrac{\pi}{2}. \end{cases}$

2. 设 $f(t)$ 是以 2π 为周期的函数, 且在一个周期内的表达式为

$$f(t) = \begin{cases} \sin t, & 0 < t \leqslant \pi, \\ 0, & \pi < t < 2\pi; \end{cases}$$

求 $L[f(t)]$.

3. 求下列函数的拉氏变换:

(1) $\sin \dfrac{t}{2}$; (2) e^{-2t};

(3) t^3; (4) $\sin t \cos t$;

(5) $\cos^2 t$; (6) $\operatorname{sh} kt$ (k 为实数).

4. 求函数 $f(t) = (t-1)e^{-at}u(t-1)$ 的拉氏变换.

5. 求下列函数的拉氏变换:

(1) $t^2 + 3t + 2$; (2) $1 - te^t$;

(3) $(t-1)^2 e^t$; (4) $5\sin 2t - 3\cos 2t$;

(5) $e^{-2t}\sin 6t$; (6) $u(3t-5)$;

(7) $\dfrac{e^{3t}}{\sqrt{t}}$; (8) $t^4 e^{at}$.

6. 利用拉氏变换的性质，计算 $L[f(t)]$：

(1) $f(t) = te^{-3t}\sin 2t$；　　(2) $f(t) = t\int_0^t e^{-3t}\sin 2t dt$.

7. 利用像函数的积分性质，计算 $L[f(t)]$：

(1) $f(t) = \dfrac{\sin kt}{t}$；　　(2) $f(t) = \int_0^t \dfrac{e^{-3t}\sin 2t}{t}dt$.

8. 利用拉氏变换的性质，计算 $L^{-1}[F(s)]$：

(1) $F(s) = \ln\dfrac{s+1}{s-1}$；　　(2) $F(s) = \dfrac{2s}{(s^2-1)^2}$.

9. 利用拉氏变换的性质，求下列像函数 $F(s)$ 的拉氏逆变换：

(1) $\dfrac{1}{s^2+9}$；　　(2) $\dfrac{s}{(s-a)(s-b)}$；

(3) $\dfrac{1}{(s+1)^4}$；　　(4) $\dfrac{s+1}{s^2+s-6}$；

(5) $\dfrac{1+e^{-2s}}{s^2}$；　　(6) $\ln\dfrac{s^2-1}{s^2}$；

(7) $\dfrac{s}{(s^2+1)(s^2+4)}$；　　(8) $\dfrac{2s+5}{s^2+4s+13}$.

10. 计算下列积分

(1) $\int_0^{+\infty} t^3 e^{-t}\sin t dt$；　　(2) $\int_0^{+\infty} \dfrac{e^{-t}\sin^2 t}{t}dt$；

(3) $\int_0^{+\infty} \dfrac{e^{-t}-e^{-2t}}{t}dt$；　　(4) $\int_0^{+\infty} \dfrac{\sin^2 t}{t^2}dt$.

11. 求下列函数在 $[0,+\infty)$ 上的卷积：

(1) $1 * u(t)$；　　(2) $t^m * t^n$ (m, n 为正整数)；

(3) $\sin kt * \sin kt$ ($k \neq 0$)；　　(4) $\sin t * \cos t$；

(5) $\delta(t-a) * f(t)$ ($a \geq 0$)；　(6) $u(t-a) * f(t)$.

12. 设 $L[f(t)] = F(s)$，利用卷积定理，证明 $L\left[\int_0^t f(t)dt\right] = \dfrac{F(s)}{s}$.

13. 利用卷积定理，证明 $L^{-1}\left[\dfrac{s}{(s^2+a^2)}\right] = \dfrac{t}{2a}\sin at$.

14. 求下列函数的拉氏逆变换：

(1) $F(s) = \dfrac{s+c}{(s+a)(s+b)^2}$；　　(2) $F(s) = \dfrac{s^2+2a^2}{(s^2+a^2)^2}$；

(3) $F(s) = \dfrac{1}{s(s+a)(s+b)}$；　　(4) $F(s) = \dfrac{s^2+2s-1}{s(s-1)^2}$.

15. 求下列常系数微分方程的解：

(1) $y' - y = e^{2t}$, $y(0) = 0$；

(2) $y'' - 2y' + 2y = 2e^t\cos t$, $y(0) = 0$, $y'(0) = 0$；

(3) $y'' - 2y' + y = e^t$, $y(0) = y'(0) = 0$;

(4) $y'' - y = 4\sin t + 5\cos 2t$, $y(0) = -1$, $y'(0) = -2$;

(5) $y'' + 3y' + 2y = u(t-1)$, $y(0) = 0$, $y'(0) = 1$;

(6) $y''' - 3y'' + 3y' - y = -1$, $y''(0) = y'(0) = 0$, $y(0) = 2$;

(7) $y^{(4)} + y''' = \cos t$, $y'''(0) = y'(0) = y(0) = 0$, $y''(0) = C$ (C 为常数).

16. 求下列微分、积分方程的解：

(1) $\int_0^t y(\tau)\cos(t-\tau)\mathrm{d}\tau = y'(t)$, $y(0) = 1$;

(2) $y(t) = e^{2t} + \int_0^t y(\tau)\mathrm{d}\tau$.

17. 求下列微分方程组的解：

(1) $\begin{cases} x' + x - y = e^t, \\ y' + 3x - 2y = 2e^t, \end{cases}$ $x(0) = y(0) = 1$;

(2) $\begin{cases} x' - 2y'' - 2y = 0, \\ x'' - 2y' = 2\sin t. \end{cases}$

B 类

1. 求下列函数的拉氏变换：

(1) $f(at-b)u(at-b)$;   (2) $e^{-t}u(t-1)$.

2. 已知 $F(s) = \dfrac{s^2 + 2s + 1}{(s^2 - 2s + 5)(s-3)}$，求 $F(s)$ 的像原函数 $f(t) = L^{-1}[F(s)]$.

3. 设 $f_1(t)$, $f_2(t)$ 均满足拉氏变换存在定理的条件（设它们的增长指数均为 c），且 $L[f_1(t)] = F_1(s)$, $L[f_2(t)] = F_2(s)$，证明乘积 $f_1(t) \cdot f_2(t)$ 的拉氏变换一定存在，且 $L[f_1(t) \cdot f_2(t)] = \dfrac{1}{2\pi\mathrm{j}}\int_{\beta-\mathrm{j}\omega}^{\beta+\mathrm{j}\omega} F_1(q) \cdot F_2(s-q)\mathrm{d}q$，其中 $\beta > c$, $\mathrm{Re}(s) < \beta + c$.

4. 求下列函数的拉氏逆变换：

(1) $F(s) = \ln\dfrac{s^2+1}{s^2}$;   (2) $F(s) = \arctan\dfrac{a}{s}$.

附　录

附录 I　傅里叶变换简表

	$f(t)$	$F(\omega)$
1	矩形单脉冲 $f(t)=\begin{cases}E, & \|t\|\leqslant\dfrac{\tau}{2},\\ 0, & \text{其他}\end{cases}$	$2E\dfrac{\sin\dfrac{\omega\tau}{2}}{\omega}$
2	指数衰减函数 $f(t)=\begin{cases}0, & t<0,\\ \mathrm{e}^{-\beta t}, & t\geqslant 0(\beta>0)\end{cases}$	$\dfrac{1}{\beta+\mathrm{j}\omega}$
3	三角形脉冲 $f(t)\begin{cases}\dfrac{2A}{\tau}\left(\dfrac{\tau}{2}+t\right), & -\dfrac{\tau}{2}\leqslant t<0,\\ \dfrac{2A}{\tau}\left(\dfrac{\tau}{2}-t\right), & 0\leqslant t<\dfrac{\tau}{2}\end{cases}$	$\dfrac{4A}{\tau\omega^2}\left(1-\cos\dfrac{\omega\tau}{2}\right)$
4	钟形脉冲 $f(t)=A\mathrm{e}^{-\beta t^2}(\beta>0)$	$\sqrt{\dfrac{\pi}{\beta}}A\mathrm{e}^{-\frac{\omega^2}{4\beta}}$
5	傅里叶核 $f(t)=\dfrac{\sin\omega_0 t}{\pi t}$	$F(\omega)=\begin{cases}1, & \|\omega\|\leqslant\omega_0,\\ 0, & \text{其他}\end{cases}$
6	高斯分布函数 $f(t)=\dfrac{1}{\sqrt{2\pi}\sigma}\mathrm{e}^{-\frac{t^2}{2\sigma^2}}$	$\mathrm{e}^{-\frac{\omega^2\sigma^2}{2}}$
7	矩形射频脉冲 $f(t)=\begin{cases}E\cos\omega_0 t, & \|t\|\leqslant\dfrac{\tau}{2},\\ 0, & \text{其他}\end{cases}$	$\dfrac{E\tau}{2}\left[\dfrac{\sin(\omega-\omega_0)\dfrac{\tau}{2}}{(\omega-\omega_1)\dfrac{\tau}{2}}+\dfrac{\sin(\omega+\omega_0)\dfrac{\tau}{2}}{(\omega+\omega_0)\dfrac{\tau}{2}}\right]$
8	单位脉冲函数 $f(t)=\delta(t)$	1
9	周期性脉冲函数 $f(t)=\sum\limits_{n=-\infty}^{+\infty}\delta(t-nT)$ （T 为脉冲函数的周期）	$\dfrac{2\pi}{T}\sum\limits_{n=-\infty}^{+\infty}\delta\left(\omega-\dfrac{2n\pi}{T}\right)$

（续）

	$f(t)$	$F(\omega)$
10	$f(t)=\cos\omega_0 t$	$\pi[\delta(\omega+\omega_0)+\delta(\omega-\omega_0)]$
11	$f(t)=\sin\omega_0 t$	$j\pi[\delta(\omega+\omega_0)-\delta(\omega-\omega_0)]$
12	单位函数 $f(t)=u(t)$	$\dfrac{1}{j\omega}+\pi\delta(\omega)$
13	$u(t-c)$	$\dfrac{1}{j\omega}e^{-j\omega c}+\pi\delta(\omega)$
14	$u(t)\cdot t$	$-\dfrac{1}{\omega^2}+\pi j\delta'(\omega)$
15	$u(t)\cdot t^n$	$\dfrac{n!}{(j\omega)^{n+1}}+\pi j^n\delta^{(n)}(\omega)$
16	$u(t)\sin\alpha t$	$\dfrac{\alpha}{\alpha^2-\omega^2}+\dfrac{\pi}{2j}[\delta(\omega-\omega_0)-\delta(\omega+\omega_0)]$
17	$u(t)\cos\alpha t$	$\dfrac{j\omega}{\alpha^2-\omega^2}+\dfrac{\pi}{2}[\delta(\omega-\omega_0)+\delta(\omega+\omega_0)]$
18	$u(t)e^{j\alpha t}$	$\dfrac{1}{j(\omega-\alpha)}+\pi\delta(\omega-\alpha)$
19	$u(t-c)e^{j\alpha t}$	$\dfrac{1}{j(\omega-\alpha)}e^{-j(\omega-\alpha)c}+\pi\delta(\omega-\alpha)$
20	$u(t)e^{j\alpha t}t^n$	$\dfrac{n!}{[j(\omega-\alpha)]^{n+1}}+\pi j^n\delta^{(n)}(\omega-\alpha)$
21	$e^{a|t|},\mathrm{Re}(a)<0$	$\dfrac{-2a}{\omega^2+a^2}$
22	$\delta(t-c)$	$e^{-j\omega c}$
23	$\delta'(t)$	$j\omega$
24	$\delta^{(n)}(t)$	$(j\omega)^n$
25	$\delta^{(n)}(t-c)$	$(j\omega)^n e^{-j\omega c}$
26	1	$2\pi\delta(\omega)$
27	t	$2\pi j\delta'(\omega)$
28	t^n	$2\pi j^n\delta^{(n)}(\omega)$
29	$e^{j\alpha t}$	$2\pi\delta(\omega-\alpha)$
30	$t^n e^{j\alpha t}$	$2\pi j^n\delta^{(n)}(\omega-\alpha)$
31	$\dfrac{1}{a^2+t^2},\mathrm{Re}(a)<0$	$-\dfrac{\pi}{a}e^{a|\omega|}$
32	$\dfrac{t}{(a^2+t^2)^2},\mathrm{Re}(a)<0$	$\dfrac{j\omega\pi}{2a}e^{a|\omega|}$
33	$\dfrac{e^{jbt}}{a^2+t^2},\mathrm{Re}(a)<0,b$ 为实数	$-\dfrac{\pi}{a}e^{a|\omega-b|}$

(续)

	$f(t)$	$F(\omega)$
34	$\dfrac{\cos bt}{a^2+t^2}$, $\text{Re}(a)<0$, b 为实数	$-\dfrac{\pi}{2a}[e^{a\lvert\omega-b\rvert}+e^{a\lvert\omega+b\rvert}]$
35	$\dfrac{\sin bt}{a^2+t^2}$, $\text{Re}(a)<0$, b 为实数	$-\dfrac{\pi}{2aj}[e^{a\lvert\omega-b\rvert}-e^{a\lvert\omega+b\rvert}]$
36	$\dfrac{\sinh at}{\sinh \pi t}$, $-\pi<a<\pi$	$\dfrac{\sin a}{\cosh \omega+\cos a}$
37	$\dfrac{\sinh at}{\cosh \pi t}$, $-\pi<a<\pi$	$-2j\dfrac{\sin\dfrac{a}{2}\sinh\dfrac{\omega}{2}}{\cosh \omega+\cos a}$
38	$\dfrac{\cosh at}{\cosh \pi t}$, $-\pi<a<\pi$	$2\dfrac{\cos\dfrac{a}{2}\cosh\dfrac{\omega}{2}}{\cosh \omega+\cos a}$
39	$\dfrac{1}{\cosh at}$	$\dfrac{\pi}{a}\dfrac{1}{\cosh\dfrac{\pi\omega}{2a}}$
40	$\sin at^2$	$\sqrt{\dfrac{\pi}{a}}\cos\left(\dfrac{\omega^2}{4a}+\dfrac{\pi}{4}\right)$
41	$\cos at^2$	$\sqrt{\dfrac{\pi}{a}}\cos\left(\dfrac{\omega^2}{4a}-\dfrac{\pi}{4}\right)$
42	$\dfrac{1}{t}\sin at$	$F(\omega)=\begin{cases}\pi, & \lvert\omega\rvert\leqslant a,\\ 0, & \lvert\omega\rvert>a\end{cases}$
43	$\dfrac{1}{t^2}\sin^2 at$	$F(\omega)=\begin{cases}\pi\left(a-\dfrac{\lvert\omega\rvert}{2}\right), & \lvert\omega\rvert\leqslant 2a,\\ 0, & \lvert\omega\rvert>2a\end{cases}$
44	$\dfrac{\sin at}{\sqrt{\lvert t\rvert}}$	$j\sqrt{\dfrac{\pi}{2}}\left(\dfrac{1}{\sqrt{\lvert\omega+a\rvert}}-\dfrac{1}{\sqrt{\lvert\omega-a\rvert}}\right)$
45	$\dfrac{\cos at}{\sqrt{\lvert t\rvert}}$	$\sqrt{\dfrac{\pi}{2}}\left(\dfrac{1}{\sqrt{\lvert\omega+a\rvert}}+\dfrac{1}{\sqrt{\lvert\omega-a\rvert}}\right)$
46	$\dfrac{1}{\sqrt{\lvert t\rvert}}$	$\sqrt{\dfrac{2\pi}{\lvert\omega\rvert}}$
47	$\text{sgn}\, t$	$\dfrac{2}{j\omega}$
48	e^{-at^2}, $\text{Re}(a)>0$	$\sqrt{\dfrac{\pi}{2}}e^{-\dfrac{\omega^2}{4a}}$
49	$\lvert t\rvert$	$-\dfrac{2}{\omega^2}$
50	$\dfrac{1}{\lvert t\rvert}$	$\dfrac{\sqrt{2\pi}}{\lvert\omega\rvert}$

附录 Ⅱ 拉普拉斯变换简表

	$f(t)$	$F(s)$
1	1	$\dfrac{1}{s}$
2	e^{at}	$\dfrac{1}{s-a}$
3	$t^m (m > -1)$	$\dfrac{\Gamma(m+1)}{s^{m+1}}$
4	$t^m e^{at} (m > -1)$	$\dfrac{\Gamma(m+1)}{(s-a)^{m+1}}$
5	$\sin at$	$\dfrac{a}{s^2+a^2}$
6	$\cos at$	$\dfrac{s}{s^2+a^2}$
7	$\operatorname{sh} at$	$\dfrac{a}{s^2-a^2}$
8	$\operatorname{ch} at$	$\dfrac{s}{s^2-a^2}$
9	$t \sin at$	$\dfrac{2as}{(s^2+a^2)^2}$
10	$t \cos at$	$\dfrac{s^2-a^2}{(s^2+a^2)^2}$
11	$t \operatorname{sh} at$	$\dfrac{2as}{(s^2-a^2)^2}$
12	$t \operatorname{ch} at$	$\dfrac{s^2+a^2}{(s^2-a^2)^2}$
13	$t^m \sin at (m > -1)$	$\dfrac{\Gamma(m+1)}{2j(s^2+a^2)^{m+1}} \cdot [(s+ja)^{m+1} - (s-ja)^{m+1}]$
14	$t^m \cos at (m > -1)$	$\dfrac{\Gamma(m+1)}{2(s^2+a^2)^{m+1}} \cdot [(s+ja)^{m+1} + (s-ja)^{m+1}]$
15	$e^{-bt} \sin at$	$\dfrac{a}{(s+b)^2+a^2}$
16	$e^{-bt} \cos at$	$\dfrac{s+b}{(s+b)^2+a^2}$
17	$e^{-bt} \sin(at+c)$	$\dfrac{(s+b)\sin c + a\cos c}{(s+b)^2+a^2}$
18	$\sin^2 t$	$\dfrac{1}{2}\left(\dfrac{1}{s} - \dfrac{s}{s^2+4}\right)$
19	$\cos^2 t$	$\dfrac{1}{2}\left(\dfrac{1}{s} + \dfrac{s}{s^2+4}\right)$
20	$\sin at \sin bt$	$\dfrac{2abs}{[s^2+(a+b)^2][s^2+(a-b)^2]}$
21	$e^{at} - e^{bt}$	$\dfrac{a-b}{(s-a)(s-b)}$

(续)

	$f(t)$	$F(s)$
22	$ae^{at} - be^{bt}$	$\dfrac{(a-b)s}{(s-a)(s-b)}$
23	$\dfrac{1}{a}\sin at - \dfrac{1}{b}\sin bt$	$\dfrac{b^2 - a^2}{(s^2+a^2)(s^2+b^2)}$
24	$\cos at - \cos bt$	$\dfrac{(b^2-a^2)s}{(s^2+a^2)(s^2+b^2)}$
25	$\dfrac{1}{a^2}(1 - \cos at)$	$\dfrac{1}{s(s^2+a^2)}$
26	$\dfrac{1}{a^3}(at - \sin at)$	$\dfrac{1}{s^2(s^2+a^2)}$
27	$\dfrac{1}{a^4}(\cos at - 1) + \dfrac{1}{2a^2}t^2$	$\dfrac{1}{s^3(s^2+a^2)}$
28	$\dfrac{1}{a^4}(\operatorname{ch} at - 1) - \dfrac{1}{2a^2}t^2$	$\dfrac{1}{s^3(s^2-a^2)}$
29	$\dfrac{1}{2a^3}(\sin at - at\cos at)$	$\dfrac{1}{(s^2+a^2)^2}$
30	$\dfrac{1}{2a}(\sin at + at\cos at)$	$\dfrac{s^2}{(s^2+a^2)^2}$
31	$\dfrac{1}{a^4}(1 - \cos at) - \dfrac{1}{2a^3}t\sin at$	$\dfrac{1}{s^2(s^2+a^2)^2}$
32	$(1 - at)e^{-at}$	$\dfrac{s}{(s+a)^2}$
33	$t\left(1 - \dfrac{a}{2}t\right)e^{-at}$	$\dfrac{s}{(s+a)^3}$
34	$\dfrac{1}{a}(1 - e^{-at})$	$\dfrac{1}{s(s+a)}$
35	$\dfrac{1}{ab} + \dfrac{1}{b-a}\left(\dfrac{e^{-bt}}{b} - \dfrac{e^{-at}}{a}\right)$	$\dfrac{1}{s(s+a)(s+b)}$
36	$e^{-at} - e^{\frac{at}{2}}\left(\cos\dfrac{\sqrt{3}at}{2} - \sqrt{3}\sin\dfrac{\sqrt{3}at}{2}\right)$	$\dfrac{3a^2}{s^3+a^3}$
37	$\sin at \operatorname{ch} at - \cos at \operatorname{sh} at$	$\dfrac{4a^3}{s^4+4a^4}$
38	$\dfrac{1}{2a^2}\sin at \operatorname{sh} at$	$\dfrac{s}{s^4+4a^4}$
39	$\dfrac{1}{2a^3}(\operatorname{sh} at - \sin at)$	$\dfrac{1}{s^4-a^4}$
40	$\dfrac{1}{2a^2}(\operatorname{ch} at - \cos at)$	$\dfrac{s}{s^4-a^4}$
41	$\dfrac{1}{\sqrt{\pi t}}$	$\dfrac{1}{\sqrt{s}}$
42	$2\sqrt{\dfrac{t}{\pi}}$	$\dfrac{1}{s\sqrt{s}}$

(续)

	$f(t)$	$F(s)$
43	$\dfrac{1}{\sqrt{\pi t}}e^{at}(1+2at)$	$\dfrac{s}{(s-a)\sqrt{s-a}}$
44	$\dfrac{1}{2\sqrt{\pi t^3}}(e^{bt}-e^{at})$	$\sqrt{s-a}-\sqrt{s-b}$
45	$\dfrac{1}{\sqrt{\pi t}}\cos 2\sqrt{at}$	$\dfrac{1}{\sqrt{s}}e^{-\frac{a}{s}}$
46	$\dfrac{1}{\sqrt{\pi t}}\text{ch}2\sqrt{at}$	$\dfrac{1}{\sqrt{s}}e^{\frac{a}{s}}$
47	$\dfrac{1}{\sqrt{\pi t}}\sin 2\sqrt{at}$	$\dfrac{1}{s\sqrt{s}}e^{-\frac{a}{s}}$
48	$\dfrac{1}{\sqrt{\pi t}}\text{sh}2\sqrt{at}$	$\dfrac{1}{s\sqrt{s}}e^{\frac{a}{s}}$
49	$\dfrac{1}{t}(e^{bt}-e^{at})$	$\ln\dfrac{s-a}{s-b}$
50	$\dfrac{2}{t}\text{sh }at$	$\ln\dfrac{s+a}{s-a}=2\text{Arth}\dfrac{a}{s}$
51	$\dfrac{2}{t}(1-\cos at)$	$\ln\dfrac{s^2+a^2}{s^2}$
52	$\dfrac{2}{t}(1-\text{ch }at)$	$\ln\dfrac{s^2-a^2}{s^2}$
53	$\dfrac{1}{t}\sin at$	$\arctan\dfrac{a}{s}$
54	$\dfrac{1}{t}(\text{ch }at-\cos bt)$	$\ln\sqrt{\dfrac{s^2+b^2}{s^2-a^2}}$
55	$\dfrac{1}{\pi t}\sin(2a\sqrt{t})$	$\text{erf}^{①}\left(\dfrac{a}{\sqrt{s}}\right)$
56	$\dfrac{1}{\pi t}e^{-2a\sqrt{t}}$	$\dfrac{1}{\sqrt{s}}e^{\frac{a^2}{s}}\text{erfc}^{②}\left(\dfrac{a}{\sqrt{s}}\right)$
57	$\text{erfc}\left(\dfrac{a}{2\sqrt{t}}\right)$	$\dfrac{1}{s}e^{-a\sqrt{s}}$
58	$\text{erfc}\left(\dfrac{t}{2a}\right)$	$\dfrac{1}{s}e^{a^2s^2}\text{erfc}(as)$
59	$\dfrac{1}{\sqrt{\pi t}}e^{-2\sqrt{at}}$	$\dfrac{1}{\sqrt{s}}e^{\frac{a}{s}}\text{erfc}(\sqrt{\dfrac{a}{s}})$
60	$\dfrac{1}{\sqrt{\pi(t+a)}}$	$\dfrac{1}{\sqrt{s}}e^{as}\text{erfc}(\sqrt{as})$
61	$\dfrac{1}{\sqrt{a}}\text{erf}(\sqrt{at})$	$\dfrac{1}{s\sqrt{s+a}}$
62	$\dfrac{1}{\sqrt{a}}e^{at}\text{erf}(\sqrt{at})$	$\dfrac{1}{\sqrt{s}(s-a)}$
63	$u(t)$	$\dfrac{1}{s}$

(续)

	$f(t)$	$F(s)$
64	$tu(t)$	$\dfrac{1}{s^2}$
65	$t^m u(t)\,(m>-1)$	$\dfrac{\Gamma(m+1)}{s^{m+1}}$
66	$\delta(t)$	1
67	$\delta^{(n)}(t)$	s^n
68	$\operatorname{sgn} t$	$\dfrac{1}{s}$
69	$J_0{}^{③}(at)$	$\dfrac{1}{\sqrt{s^2+a^2}}$
70	$I_0(at)$	$\dfrac{1}{\sqrt{s^2-a^2}}$
71	$e^{-bt}I_0(at)$	$\dfrac{1}{\sqrt{(s+b)^2-a^2}}$
72	$J_0(2\sqrt{at})$	$\dfrac{1}{s}e^{-\frac{a}{s}}$
73	$tJ_0(at)$	$\dfrac{s}{(s^2+a^2)^{3/2}}$
74	$tI_0(at)$	$\dfrac{s}{(s^2-a^2)^{3/2}}$
75	$J_0(a\sqrt{t(t+2b)})$	$\dfrac{1}{\sqrt{s^2+a^2}}e^{b(s-\sqrt{s^2+a^2})}$

① $\operatorname{erf}(x)=\dfrac{2}{\sqrt{\pi}}\displaystyle\int_0^x e^{-t^2}dt$，称为误差函数.

② $\operatorname{erfc}(x)=1-\operatorname{erf}(x)=\dfrac{2}{\sqrt{\pi}}\displaystyle\int_x^{+\infty}e^{-t^2}dt$ 称为余误差函数.

③ $I_n(x)=j^{-n}J_n(jx)$，J_n 称为第一类 n 阶贝赛尔函数；I_n 称为第一类 n 阶变形贝赛尔函数，或称为虚宗量的贝赛尔函数.

参 考 答 案

习 题 一

A 类

1. (1) 模 $\sqrt{2}$，辐角 $-\dfrac{3}{4}\pi + 2k\pi$，$k = 0, \pm 1, \pm 2, \cdots$；

   (2) 模 $\dfrac{1}{\sqrt{13}}$，辐角 $-\arctan\dfrac{2}{3} + 2k\pi$，$k = 0, \pm 1, \pm 2, \cdots$；

   (3) 模 $\sqrt{10}$，辐角 $-\arctan 3 + 2k\pi$，$k = 0, \pm 1, \pm 2, \cdots$；

   (4) 模 1，辐角 $-\arctan\dfrac{7}{24} + 2k\pi$，$k = 0, \pm 1, \pm 2, \cdots$；

2. (1) $1 - \sqrt{3}\,\mathrm{i} = 2\left(\cos\dfrac{\pi}{3} - \mathrm{i}\sin\dfrac{\pi}{3}\right) = 2\mathrm{e}^{-\frac{\pi}{3}\mathrm{i}}$；

   (2) $1 + \mathrm{i}\tan\theta = \dfrac{1}{\cos\theta}(\cos\theta + \mathrm{i}\sin\theta) = \dfrac{1}{\cos\theta}\mathrm{e}^{\mathrm{i}\theta}$；

   (3) $-\sqrt{12} - 2\mathrm{i} = 4\left[\cos\left(-\dfrac{5}{6}\pi\right) + \mathrm{i}\sin\left(-\dfrac{5}{6}\pi\right)\right] = 4\mathrm{e}^{-\frac{5}{6}\pi\mathrm{i}}$；

   (4) $1 - \cos\varphi + \mathrm{i}\sin\varphi = 2\sin\dfrac{\varphi}{2}\left[\cos\left(\dfrac{\pi}{2} - \dfrac{\varphi}{2}\right) + \mathrm{i}\sin\left(\dfrac{\pi}{2} - \dfrac{\varphi}{2}\right)\right] = 2\sin\dfrac{\varphi}{2}\mathrm{e}^{\left(\frac{\pi}{2} - \frac{\varphi}{2}\right)\mathrm{i}}$.

3. $-\dfrac{1}{2} + \dfrac{\sqrt{3}}{2}\mathrm{i}$.

4. $x = 1$，$y = 11$.

5. $z_k = \dfrac{\omega_k - 1}{\omega_k + 1}$，$\omega_k = \cos\dfrac{2k\pi}{5} + \mathrm{i}\sin\dfrac{2k\pi}{5}$，$k = 0, 1, 2, 3, 4$.

6. $z = 2$ 时，$z^3 + z^2 + 2z + 2 = 18$；$z = -1 \pm \sqrt{3}$ 时，$z^3 + z^2 + 2z + 2 = 6$.

7. (1) 直线 $x = -3$；

   (2) 负半实轴；

   (3) 直线 $z = \dfrac{1}{2}$；

   (4) 由圆周 $x^2 + (y+1)^2 = 1$ 与圆周 $x^2 + (y+1)^2 = 4$ 所围成的圆环域，有界多连通区域；

(5) 直线 $y = x$ 下方半平面，无界区域；

(6) y 轴左方半平面，无界区域；

(7) 直线 $y = 3$；

(8) 直线 $y = 1$ 上方与圆周 $x^2 + y^2 = 4$ 下方的有界区域．

8. $f(z) = z + \dfrac{1}{z}$．

9. (1) $0 < |w| < 4$, $\arg w = \dfrac{\pi}{2}$； (2) $|w| = \dfrac{1}{2}$．

10. 略．

B 类

1. ~4. 略．

5. (1) 直线 $x - y = 0$；

(2) 直线 $7x + 5y = 0$；

(3) 双曲线 $xy = 1$；

(4) 椭圆 $\dfrac{x^2}{4} + \dfrac{y^2}{9} = 1$．

习 题 二

A 类

1. (1) B； (2) D.

2. (1) 复平面上处处不可导，处处不解析；

(2) 在直线 $\sqrt{2}\,x \pm \sqrt{3}\,y = 0$ 上可导，但在复平面上处处不解析；

(3) 复平面上处处不可导，处处不解析．

3. 、4. 略．

5. $a = \dfrac{1}{2}$．

6. (1) 复平面上处处解析，$f'(z) = 5(z-1)^4$；

(2) 复平面上处处解析，$f'(z) = 3z^2 + 2\mathrm{i}$；

(3) 除 $z = \pm 1$ 外的复平面上处处解析，$f'(z) = -\dfrac{2z}{(z^2-1)^2}$；

(4) $c = 0$ 时，在复平面上处处解析；$c \neq 0$ 时，在除 $z = -\dfrac{d}{c}$ 外的复平面上处处解析，$f'(z) = \dfrac{ad - bc}{(cz + d)^2}$．

7. (1) $z = 1$, $z = -\mathrm{i}$, $z = \dfrac{1}{2} + k$, $k = 0, \pm 1, \pm 2, \cdots$；

(2) $z = 0$, $z = 1$.

8. (1) 假； (2) 假； (3) 假； (4) 假．

9. (1) $z=(2k+1)\pi i$; (2) $z=k\pi$; (3) $z=\dfrac{\pi}{2}+k\pi$;

(4) $z=k\pi-\dfrac{\pi}{4}$, $k=0,\pm 1,\pm 2,\cdots$.

10. (1) 正确；(2) 正确；(3) 正确.

11. $\operatorname{Ln}\left(-\dfrac{\pi}{2}i\right)=\ln\dfrac{\pi}{2}+\left(2k\pi-\dfrac{\pi}{2}\right)i$, $\exp\left(\dfrac{1+i\pi}{4}\right)=\dfrac{\sqrt{2}}{2}e^{\frac{1}{4}}(1+i)$,

$3^i=e^{-2k\pi}(\cos\ln 3+i\sin\ln 3)$, $(1+i)^i=e^{-\left(2k+\frac{1}{4}\right)\pi}\left(\cos\dfrac{\ln 2}{2}+i\sin\dfrac{\ln 2}{2}\right)$,

$k=0,\pm 1,\pm 2,\cdots$.

12. 略.

13. (1) 错误；(2) 错误.

14. 、15 略.

B 类

1. (1) 复平面上处处解析，$(e^{e^z})'=e^z e^{e^z}$;

(2) 除 $z=0$ 外处处解析，$\left(\cos e^{\frac{1}{z}}\right)'=\dfrac{e^{\frac{1}{z}}}{z^2}\sin e^{\frac{1}{z}}$;

(3) 复平面上处处不解析；

(4) 除 $z=\pm i$ 外处处解析，$\left(\dfrac{e^z}{z^2+1}\right)'=\dfrac{(z-1)^2 e^z}{(z^2+1)^2}$.

2. $|f'(1-i)|=\dfrac{4\sqrt{34}}{17}$, $\arg f'(1-i)=\arctan\dfrac{3}{5}$.

3. ~5. 略.

习 题 三

A 类

1. 沿 $y=x$, $\displaystyle\int_0^{1+i}(i-\bar z)dz=-2+i$; 沿 $y=x^2$, $\displaystyle\int_0^{1+i}(i-\bar z)dz=-2+\dfrac{2}{3}i$.

2. 不一定成立，如 $f(z)=z$, $C:|z|=1$, 这时两者均不为零.

3. (1) $\displaystyle\int_{-\pi i}^{2\pi i}e^{iz}dz=(e^\pi-e^{-2\pi})i$;

(2) $\displaystyle\int_{-\pi i}^{\pi i}\sin^2 z\,dz=\left(\pi-\dfrac{1}{2}\operatorname{sh}2\pi\right)i$;

(3) $\displaystyle\int_0^1 z\sin z\,dz=\sin 1-\cos 1$;

(4) $\displaystyle\int_0^{\pi i}z\cos z^2\,dz=-\dfrac{\sin\pi^2}{2}$.

4. (1) 0；(2) 0；(3) 0；(4) $\dfrac{4\pi i}{4+i}$.

5. (1) $\dfrac{\pi i}{a}$；(2) $\dfrac{\pi}{e}$；(3) $\dfrac{\pi i}{2}\cos 2$；(4) 0；(5) 0；(6) 0.

6. (1) $2\pi i$；(2) πi；(3) $-\pi i$.

7. (1) πi；(2) $8\pi i$.

8. (1) $14\pi i$；(2) 0；(3) $2\pi i$；(4) $\dfrac{\sin 1 - \cos 1 - i(\sin 1 + \cos 1)}{8}$；

(5) $6\pi i$；(6) 当 $|\alpha|>1$ 时，积分值为 0；当 $|\alpha|<1$ 时，积分值为 $\pi e^{\alpha} i$.

9. 是，$\oint_C \dfrac{f'(z)}{f(z)} dz$ 在复平面上处处解析.

10. 不是.

11. 略.

B 类

1. 当 a 与 $-a$ 都不在 C 的内部时，积分值为 0；当 a 与 $-a$ 有一个在 C 的内部时，积分值为 πi；当 a 与 $-a$ 都在 C 的内部时，积分值为 $2\pi i$.

2. 略.

3. 是.

4. (1) $f(z)=(1-i)z^3+C$；(2) $f(z)=\dfrac{1}{2}-\dfrac{1}{z}$；

(3) $f(z)=-i(z-1)^2$；(4) $f(z)=\ln z + C$.

5. (1) $u=C_1(ax+by)+C_2$；(2) $u=C_1\arctan\dfrac{y}{x}+C_2$.

习 题 四

A 类

1. (1) 发散；(2) 发散；(3) 发散；(4) 收敛，极限为 0；
(5) 收敛，极限为 0；(6) 收敛，极限为 0.

2. (1) 发散；(2) 绝对收敛；(3) 绝对收敛；(4) 发散；
(5) 发散；(6) 发散.

3. 不能

4. 略.

5. 注：令 $\alpha = re^{i\theta} = r(\cos\theta + i\sin\theta)$.

6. (1) $-\dfrac{1}{(1+z)^2}$，$|z|<1$；(2) $\dfrac{1}{(1-z)^2}-1$，$|z|<1$；

(3) $\cos z$，$|z|<+\infty$.

7. (1) $R=1$; (2) $R=1$; (3) $R=\dfrac{1}{e}$; (4) $R=\infty$; (5) $R=1$.

8. 略.

9. (1) $\sum\limits_{n=0}^{\infty}(-1)^n z^{3n}$, $|z|<1$;

   (2) 当 $a=b$ 时,级数为 $\sum\limits_{n=1}^{\infty}\dfrac{nz^{n-1}}{a^{n+1}}$, $|z|<|a|$,

   当 $a\neq b$ 时,级数为 $\dfrac{1}{b-a}\sum\limits_{n=0}^{\infty}\left(\dfrac{1}{a^{n+1}}-\dfrac{1}{b^{n+1}}\right)z^n$, $|z|<\min(|a|,|b|)$;

   (3) $-\dfrac{1}{2}\sum\limits_{n=1}^{\infty}\dfrac{(-1)^n 2^n z^n}{(2n)!}$, $|z|<\infty$;

   (4) $\dfrac{1}{3}\sum\limits_{n=0}^{\infty}\left(\dfrac{2}{3}z\right)^n$, $|z|<\dfrac{3}{2}$;

   (5) $\sum\limits_{n=1}^{\infty}\dfrac{z^{2n}}{(2n)!}$, $|z|<\infty$;

   (6) $1-z-\dfrac{z^2}{2!}-\dfrac{z^3}{3!}-\cdots$, $|z|<1$.

10. (1) $\sum\limits_{n=1}^{\infty}(-1)^{n-1}\dfrac{(z-1)^n}{2^n}$, $R=2$;

    (2) $\sum\limits_{n=0}^{\infty}(n+1)(z+1)^n$, $R=1$;

    (3) $\sum\limits_{n=0}^{\infty}\dfrac{3^n}{(1-3i)^{n+1}}[z-(1+i)]^n$, $R=\dfrac{\sqrt{10}}{3}$;

    (4) $1+2\left(z-\dfrac{\pi}{4}\right)+2\left(z-\dfrac{\pi}{4}\right)^2+\dfrac{8}{3}\left(z-\dfrac{\pi}{4}\right)^3+\cdots$, $R=\dfrac{\pi}{4}$;

    (5) $1-z-\dfrac{z^2}{2!}-\dfrac{z^3}{3!}-\cdots$, $R=1$.

11. 注:$a_n=\dfrac{1}{\pi r^n}\int_0^{2\pi}\mathrm{Re}\{f(re^{i\theta})\}e^{-in\theta}\mathrm{d}\theta$ ($n=1,2,3,\cdots$, $0<r<1$).

12. $\dfrac{1}{z-b}=-\dfrac{1}{b-a}-\dfrac{z-a}{(b-a)^2}-\dfrac{(z-a)^2}{(b-a)^3}-\cdots-\dfrac{(z-a)^n}{(b-a)^{n+1}}-\cdots$,

    当 $|z-a|<|b-a|$ 时级数收敛于 $\dfrac{1}{z-b}$;当 $z=b$ 时级数发散.

13. (1) $\dfrac{1}{z^2}-\dfrac{2}{z^2}\sum\limits_{n=0}^{\infty}z^n$, $0<|z|<1$; $\dfrac{1}{z^2}+\sum\limits_{n=0}^{\infty}\dfrac{2}{z^{n+3}}$, $1<|z|<+\infty$;

    (2) $\sum\limits_{n=0}^{\infty}\dfrac{z^{1-n}}{n!}$;

(3) $\frac{1}{5}\left(\cdots+\frac{2}{z^4}+\frac{1}{z^3}-\frac{2}{z^2}-\frac{1}{z}-\frac{1}{2}-\frac{z}{4}-\frac{z^2}{8}-\frac{z^3}{16}-\cdots\right)$;

(4) $1-\frac{3}{2}\sum_{n=0}^{\infty}\frac{1}{4^n}z^n-2\sum_{n=-1}^{-\infty}\frac{1}{3^{n+1}}z^n, 3<|z|<4; 1+$
$\sum_{n=1}^{\infty}(3\cdot 2^{2n-1}-2\cdot 3^{n-1})z^{-n}, 4<|z|<\infty$;

(5) $\sum_{n=0}^{\infty}\frac{1}{(2n)!(1-z)^{2n}}$.

14. (1) $-\sum_{n=0}^{\infty}\frac{(z-3)^n}{2^{n+1}}$;　　(2) $\sum_{n=0}^{\infty}\frac{2^n}{(z-3)^{n+1}}$;

(3) $-\sum_{n=0}^{\infty}\frac{(z-1)^n}{4^{n+1}}$;　　(4) $\sum_{n=0}^{\infty}\frac{4^n}{(z-1)^{n+1}}$.

15. $\frac{1}{z^2+1}=-\sum_{n=0}^{\infty}\frac{(z+i)^{n-1}}{(2i)^{n+1}}, 0<|z+i|<2, \frac{1}{z^2+1}=\sum_{n=0}^{\infty}\frac{(2i)^n}{(z+i)^{n+2}}, 2<|z+i|<+\infty$;

$\frac{1}{z^2+1}=\sum_{n=0}^{\infty}(-1)^n\frac{1}{z^{2(n+1)}}, 1<|z|<+\infty$.

16. 略.

17. $2\pi i$.

B 类

1. 略.

2. 当 $|z|<1$ 时, 级数收敛于 -1; 当 $z=1$ 时, 级数收敛于 0;
当 $z=-1$ 时, 级数发散; 当 $|z|>1$ 时, 级数发散.

3. (1) $R=\sqrt{2}$;　　(2) $R=1$.

4. 注: 对 $|z|>k$ 展开 $(z-k)^{-1}$ 的洛朗级数, 并在展开式的结果中令 $z=e^{i\theta}$, 再令两边的实部与实部相等, 虚部与虚部相等.

5. $e\left(1-\frac{2}{z}+\frac{6}{z^2}+\cdots\right)$.

习 题 五

A 类

1. (1) 是;　　(2) 不是;　　(3) 是.

2. (1) $z=0$ 为 $f(z)$ 的一级极点, $z=\pm i$ 为 $f(z)$ 的二级极点;

(2) $z=0$ 为 $f(z)$ 的二级极点;

(3) $z=0$ 为 $f(z)$ 的可去奇点;

(4) $z=\pm i$ 为 $f(z)$ 的二级极点, $z=(2k+1)i, (k=1,$

$\pm 2, \cdots$)为 $f(z)$ 的一级极点;

(5) $z = 1$ 为 $f(z)$ 的本性奇点;

(6) $z = 0$ 为 $f(z)$ 的可去奇点,$z = 2k\pi i (k = \pm 1, \pm 2, \cdots)$ 为 $f(z)$ 的一级极点.

3. $z = 0$ 为 $f(z)$ 的六级极点.

4. (1) $z = \infty$ 为可去奇点; (2) $z = \infty$ 不是孤立奇点.

5. 略.

6. $z = 0$ 为 $f(z)$ 的可去奇点,$z = k\pi$ 为 $f(z)$ 的一级极点.

7. $z = 0$ 为 $f(z)$ 的一级极点;$z = 3$ 为 $f(z)$ 的可去奇点;
$z = \pm 1, \pm 2, -3, \pm 4, \pm 5, \cdots$ 为 $f(z)$ 的四级极点;$z = \infty$ 不是孤立奇点.

8. (1) $\text{Res}[f(z), 0] = 0$;

(2) $\text{Res}[f(z), 2] = \dfrac{128}{5}$,$\text{Res}[f(z), \pm i] = \dfrac{2 \pm i}{10}$;

(3) $\text{Res}[f(z), 0] = -\dfrac{1}{2}$,$\text{Res}[f(z), 0] = \dfrac{3}{2}$;

(4) $\text{Res}[f(z), -1] = -2\sin 2$;

(5) $\text{Res}[f(z), 0] = 0$,$\text{Res}[f(z), k\pi] = \dfrac{(-1)^n}{k\pi}, k \neq 0$;

(6) $\text{Res}\left[\dfrac{\text{sh } z}{\text{ch } z}, \left(k + \dfrac{1}{2}\right)\pi i\right] = 1 (k = 0, 1, 2, \cdots)$.

9. $\text{Res}[f(z), -1] = -\cos 1$.

10. $\text{Res}\left[\dfrac{f(z)}{z^k}, 0\right] = a_{k-1}$.

11. 注:设 $f(z)$ 与 $g(z)$ 在点 a 的邻域内可用泰勒级数表示,再结合零点的特征、零点与极点的关系,先判断 a 为函数 $\dfrac{f(z)}{g(z)}$ 或 $\dfrac{f(z)}{g^2(z)}$ 的极点,然后用公式计算留数验证结论.

12. $\sum\limits_{k=1}^{10} \text{Res}[f(z), z_k] = -\sum \text{Res}[f(z), \infty] = 1$.

13. (1) 0; (2) $4\pi i e^2$; (3) $\dfrac{1}{8}\pi i e$;

(4) $\begin{cases} \dfrac{2\pi i (-1)^{n+1}}{(2n)!}, & \text{当 } m = 2n+1, n = 1, 2, 3, \cdots \text{时,} \\ 0, & \text{当 } m \text{ 为其他整数时.} \end{cases}$

(5) 0; (6) $-12i$; (7) $-2\pi i$; (8) $-2\pi i$.

14. $-\dfrac{2\pi}{\sqrt{a^2-1}}$.

15. 0.

16. (1) ∞ 为本性奇点,留数为 0;

(2) ∞ 为一级极点,留数为 -1;

(3) ∞ 为可去奇点，留数为 -2.

17. (1) $2\pi i$;   (2) $-\dfrac{2}{3}\pi i$;   (3) $\begin{cases} 2\pi i, & n=1, \\ 0, & n\neq 1; \end{cases}$

    (4) 0.

18. $(-1)^{n-1} 4\pi i a^{-n}$.

19. 略.

B 类

1. (1) $z = k\pi(k = \pm 1, \pm 2, \cdots)$ 是 $f(z)$ 的可去奇点;

    (2) $z = 0$ 与 $z = k\pi + \dfrac{\pi}{4}(k = \pm 1, \pm 2, \cdots)$ 都是 $f(z)$ 的一级极点,

    $z = \dfrac{\pi}{4}$ 是 $f(z)$ 的可去奇点.

2. (1) $\text{Res}[f(z), 2k\pi] = -8k\pi(k = \pm 1, \pm 2, \cdots)$;

    (2) $\text{Res}[f(z), \dfrac{1}{k\pi}] = \dfrac{(-1)^{k+1}}{k^2 \pi^2}(k = \pm 1, \pm 2, \cdots)$,

    $\text{Res}[f(z), \infty] = -\dfrac{1}{6}$.

3. (1) $2\pi i \left\{ \sin i - \left(1 + \dfrac{1}{3!} + \dfrac{1}{5!} + \dfrac{1}{7!}\right) i \right\}$;

    (2) $-\pi i$.

4. $-(2002!!)^{-1}$.

5. 略.

习 题 六

A 类

1. $f_T(t) = \pi + \sum\limits_{\substack{n=-\infty \\ n \neq 0}} \dfrac{j}{n} e^{jnt}$.

2. (1) $f(t) = \dfrac{2}{\pi} \int_0^{+\infty} \dfrac{(5-\omega^2)\cos \omega t + 2\omega \sin \omega t}{25 - 6\omega^2 + \omega^4} d\omega$;

    (2) $f(t) = \dfrac{4}{\pi} \int_0^{+\infty} \dfrac{1}{\omega^3}(\sin \omega - \omega \cos \omega) \cos \omega t d\omega$.

3. 略.

4. (1) $f(t) = \dfrac{2}{\pi} \int_0^{+\infty} \dfrac{\omega}{\beta^2 + \omega^2} \sin \omega t d\omega$;

    (2) $f(t) = \dfrac{2}{\pi} \int_0^{+\infty} \dfrac{\omega}{\beta^2 + \omega^2} \cos \omega t d\omega$.

5. (1) $-\pi[\delta'(\omega+1)-\delta'(\omega-1)]$; (2) $-\dfrac{2}{j\omega^3}-\pi\delta''(\omega)$;

   (3) $\dfrac{A}{j\omega}(1-e^{-j\omega\tau})$; (4) $\dfrac{2}{j\omega}$.

6. $e^{-j\omega}\cos 1$.

7. 略.

8. (1) $\dfrac{2\sin\omega}{\omega}$; (2) $\dfrac{2j\sin\omega\pi}{\omega^2-1}$.

9. 略.

10. (1) $\dfrac{1}{2}F\left(\dfrac{\omega}{2}\right)$; (2) $jF'(\omega)-2F(\omega)$;

    (3) $j[jF(\omega)+j\omega F'(\omega)]$;

    (4) $e^{-j\omega}F(-\omega)$;

    (5) $-\dfrac{j}{4}F'\left(-\dfrac{\omega}{2}\right)-F\left(-\dfrac{\omega}{2}\right)$;

    (6) $e^{2j(\omega+2)}F(\omega+2)$.

11. $f(t)=\begin{cases}\dfrac{1}{2}[u(1+t)+u(1-t)-1], & |t|\neq 1,\\ \dfrac{1}{4}, & |t|=1\end{cases}$

    或 $f(t)=\begin{cases}\dfrac{1}{2}, & |t|=1.\\ \dfrac{1}{4}, & |t|=1,\\ 0, & |t|>1.\end{cases}$

12. $\cos\omega_0 t$.

13. $2\pi\delta(\omega+2)$.

14. $\dfrac{4A}{\tau\omega^2}\left(1-\cos\dfrac{t\omega}{2}\right)$.

15. $F(\omega)=e^{-\frac{\sigma^2}{2}\omega^2}$.

16. $f_1(t)*f_2(t)=\begin{cases}\dfrac{1}{1+\alpha^2}(e^{-\alpha t}+\alpha\sin t-\cos t), & t>0,\\ 0, & t<0.\end{cases}$

17. (1) $F(\omega)=\dfrac{\omega_0}{\omega_0^2-\omega^2}+\dfrac{\pi j}{2}[\delta(\omega+\omega_0)-\delta(\omega-\omega_0)]$;

    (2) $F(\omega)=\dfrac{\omega_0}{(\beta+j\omega)^2+\omega_0^2}$.

18. $x(t)=\begin{cases}0, & t<0,\\ e^{-t}, & t\geq 0.\end{cases}$

B 类

1. (1) $F(\omega-\omega_0)e^{-j(\omega-\omega_0)t_0}$; (2) $\dfrac{1}{|a|}F\left(\dfrac{\omega}{a}\right)e^{jb\frac{\omega}{a}}$.

2.、3. 略.

4. (1) $\dfrac{2}{(1+j\omega)^2+4}$；　　(2) $\dfrac{\sqrt{2}}{2}$.

5. $g(t) = \dfrac{1}{2\pi}\displaystyle\int_{-\infty}^{+\infty}\dfrac{H(\omega)}{1-F(\omega)}e^{j\omega t}d\omega$.

习 题 七

A 类

1. (1) $\dfrac{1}{s}(e^{-4t}-4e^{-2t}+3)$；

   (2) $\dfrac{3}{s}(1-e^{-\frac{\pi}{2}s})-\dfrac{1}{s^2+1}\cdot e^{-\frac{\pi}{2}s}$.

2. $\dfrac{1}{[1+s^2][1-e^{-\pi s}]}$.

3. (1) $\dfrac{2}{4s^2+1}$, $\mathrm{Re}(s)>0$；　　(2) $\dfrac{1}{2+s}$, $\mathrm{Re}(s)>-2$；

   (3) $\dfrac{3!}{s^4}$, $\mathrm{Re}(s)>0$；　　(4) $\dfrac{1}{4+s^2}$, $\mathrm{Re}(s)>0$；

   (5) $\dfrac{s^2+2}{s(s^2+4)}$, $\mathrm{Re}(s)>0$；　　(6) $\dfrac{k}{s^2-k^2}$, $\mathrm{Re}(s)>|k|$.

4. $f_T(t) = \pi + \displaystyle\sum_{\substack{n=-\infty\\n\ne 0}}\dfrac{j}{n}e^{jnt}$.

5. (1) $\dfrac{1}{s^3}(2s^2+3s+2)$；　　(2) $\dfrac{1}{s}-\dfrac{1}{(s-1)^2}$；

   (3) $\dfrac{s^2-4s+5}{(s-1)^3}$；　　(4) $\dfrac{10-3s}{s^2+4}$；

   (5) $\dfrac{6}{(s+2)^2+36}$；　　(6) $\dfrac{1}{s}e^{-\frac{5}{3}}$, $\mathrm{Re}(s)>0$；

   (7) $\sqrt{\dfrac{\pi}{s-3}}$；　　(8) $\dfrac{4!}{(s-a)^5}$.

6. (1) $\dfrac{4(s+3)}{[(s+3)^2+4]^2}$；　　(2) $\dfrac{2}{s[(s+3)^2+4]}$.

7. (1) $\mathrm{arccot}\dfrac{s}{k}$；　　(2) $\dfrac{1}{s}\mathrm{arccot}\dfrac{s+3}{2}$.

8. (1) $\dfrac{2\,\mathrm{sh}\,t}{t}$；　　(2) $t\,\mathrm{sh}\,t$.

9. (1) $\dfrac{1}{3}\sin 3t$；　　(2) $\dfrac{1}{a-b}(e^{at}a-e^{bt}b)$；

   (3) $\dfrac{1}{6}t^3 e^{-t}$；　　(4) $\dfrac{3}{5}e^{2t}+\dfrac{2}{5}e^{-3t}$；

(5) $\begin{cases} 2(t-1), & t>2, \\ t, & 0 \leq t < 2; \end{cases}$ (6) $\dfrac{2}{t}(1-\operatorname{ch} t)$;

(7) $\dfrac{1}{3}(\cos t - \cos 2t)$; (8) $2e^{-2t}\cos 3t + \dfrac{1}{3}e^{-2t}\sin 3t$.

10. (1) 0; (2) $\dfrac{1}{4}\ln 5$; (3) $\ln 2$; (4) $\dfrac{\pi}{2}$.

11. (1) t; (2) $\dfrac{m!\, n!\, t^{m+n+1}}{(m+n+1)!}$;

(3) $-\dfrac{1}{2}t\cos kt + \dfrac{\sin kt}{2k}$; (4) $\dfrac{1}{2}t \cdot \sin t$;

(5) $\begin{cases} 0, & a > t, \\ \int_a^t f(t-\tau)\,d\tau, & a \leq t; \end{cases}$

(6) $\begin{cases} 0, & a > t, \\ f(t-a), & 0 \leq a \leq t. \end{cases}$

12.、13. 略.

14. (1) $\dfrac{c-a}{(b-a)^2}e^{-at} + \left[\dfrac{c-b}{a-b}t + \dfrac{a-c}{(a-b)^2}\right]e^{-bt}$;

(2) $\dfrac{3}{2a}\sin at - \dfrac{t}{2}\cos at$;

(3) $\dfrac{(ab)^{-1}}{s} + \dfrac{[-a(b-a)]^{-1}}{s+a} + \dfrac{[-b(a-b)]^{-1}}{s+b}$;

(4) $2te^t + 2e^t - 1$.

15. (1) $e^{2t} - e^t$; (2) $t \sin t e^t$;

(3) $\dfrac{1}{2!}t^2 e^t$; (4) $-2\sin t - \cos 2t$;

(5) $\dfrac{1}{2} + \dfrac{1}{2}e^{-2t} - e^{-t}$; (6) $e^t + 1$;

(7) $t - 1 + \dfrac{1}{2}e^{-t} + \dfrac{1}{2}(\cos t - \sin t) + \dfrac{C}{2}t^3$.

16. (1) $1 + \dfrac{1}{2}t^2$; (2) $2e^{2t} - e^t$.

17. (1) $x(t) = y(t) = e^t$;

(2) $x(t) = t^2$, $y(t) = t + \cos t$.

B 类

1. (1) $\dfrac{1}{a}F\left(\dfrac{s}{a}\right)e^{-b\frac{s}{a}}$; (2) $\dfrac{1}{s+1}e^{-(s+1)}$.

2. $e^t(-\cos 2t + \sin 2t) + 2e^{3t}$.

3. 略.

4. (1) $-\dfrac{2}{t}(\cos t - u(t))$; (2) $\dfrac{\sin at}{t}$.

参 考 文 献

[1] 西安交通大学高等教学教研室. 复变函数 [M]. 4版. 北京：高等教育出版社, 1996.
[2] 包革军, 邢宇明, 盖云英. 复变函数与积分变换 [M]. 3版. 北京：科学出版社, 2013.
[3] 李红, 谢松法. 复变函数与积分变换 [M]. 2版. 北京：高等教育出版社, 2003.
[4] 刘向丽, 孙妍, 等. 复变函数与积分变换 [M]. 北京：机械工业出版社, 2009.
[5] 张建国, 李沍岸, 等. 复变函数与积分变换 [M]. 北京：机械工业出版社, 2010.
[6] 张元林. 积分变换 [M]. 4版. 北京：高等教育出版社, 2003.